Math & Art

蔡天新 著

数学与艺术

·修订版·

商务印书馆
The Commercial Press

图书在版编目(CIP)数据

数学与艺术/蔡天新著.--北京:商务印书馆,
2024.--ISBN 978-7-100-24221-9

Ⅰ.O1-05

中国国家版本馆 CIP 数据核字第 20243T4G87 号

权利保留,侵权必究。

数学与艺术

蔡天新 著

商 务 印 书 馆 出 版
(北京王府井大街 36 号 邮政编码 100710)
商 务 印 书 馆 发 行
北京雅昌艺术印刷有限公司印刷
ISBN 978-7-100-24221-9

2024 年 8 月第 1 版　　开本 880×1230　1/32
2024 年 8 月北京第 1 次印刷　印张 9¾
定价:68.00 元

然则治经之士,固不可不知数学矣。

——［汉］郑玄

只有通过科学与艺术,文明才体现出价值。

——［法］亨利·庞加莱

目录
CONTENTS

引 言 001

第一章　希腊数学与希腊艺术 011
1　毕达哥拉斯 014
2　《诗学》与《原本》 034

第二章　文艺复兴时期的绘画与几何 063
1　斐波那契 066
2　阿尔贝蒂 082
3　达·芬奇与丢勒 098

第三章　天才的世纪 117
1　德扎尔格与笛卡尔 120
2　费尔马与帕斯卡尔 133
3　牛顿与莱布尼茨 151

第四章　数学与音乐 169
1　高斯 172
2　巴赫 187

第五章　梦幻与现实 211
1　非欧几何学 214
2　精神分析学 231

第六章　个性与共性 247
1　拓扑天使与代数魔鬼 250
2　超现实主义与表现主义 271

参考文献 305

引 言

数学发现的动力不是理性，而是想象。
——［英］奥古斯都·德·摩根

真正的艺术是包含在自然之中的。
——［德］阿尔布雷特·丢勒

公元前 11 世纪，周文王之子、周武王之弟周公姬旦在洛水北岸营建洛邑，作为周王朝的东都，即后来的洛阳。与周公同时代的大夫商高是西周初年的数学家，他率先指出了第一组勾股数："勾广三，股修四，径隅五。"这就意味着

$$3^2 + 4^2 = 5^2.$$

此乃勾股定理的特例，这个发现比古希腊的毕达哥拉斯定理要早得多。据中国最早的数学典籍之一《周髀算经》记载，一次周公在镐京问商高："听说大夫擅长数学。天没有台阶可攀登，地又不能用尺寸测量，请问数是怎样得来的？"商高回答："数是根据圆和方的道理得来的，圆从方来，方又从矩来，矩是依据乘法表来的。"周公曰："大哉言数！"

美索不达米亚位于底格里斯河和幼发拉底河中下游之间，即今日伊拉克境内。古老的两河流域孕育了灿烂的文明，从苏美尔人到巴比伦人，都使用楔形文字，刻写在泥板上，晾干后像石头一样坚硬，加上气候炎热，得以长期保存。在已发掘出的50多万块泥板书中，大约有300块是有关数学的。美国耶鲁大学博物馆收藏了不

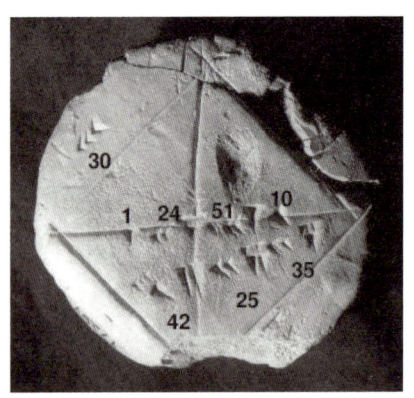

古巴比伦人计算出根号2的近似值，精确到小数点后5位

少公元前 2000 年至前 1600 年间的泥板书,其中编号为 7289 的一块记载了 $\sqrt{2}$ 的近似值,用 60 进制表示如下

$$\sqrt{2} \approx 1 + \frac{24}{60} + \frac{51}{60^2} + \frac{10}{60^3} = 1.41421296\cdots,$$

这是相当精确的估计,因为 $\sqrt{2}$ 的正确值为 $1.41421356\cdots$。而在纽约哥伦比亚大学,编号为普林顿 322 的泥板书则显示,他们已经知道了勾股数组,其中最小的一组为(45,60,75),各边长恰好是商高给出的那组数的 15 倍。

上述例子或许可以说明,勾股数(毕达哥拉斯数组)可能是人类最早发现的自然数奥妙之一。同样,数学可能是自然科学中最早出现的两门学科之一,另一门是天文学,它们同属于毕氏学派所倡导的"四艺"。在古代,天文学家与数学家每每合二为一,正如戏剧家与诗人常常是同一个人。

数学诞生于游牧时代,那时人们的主要财产是牲畜。为了计算它们的只数,人们便学会了计数,继而学会了加法和减法。与此相应,诗歌可能是最早出现的文学形式,不过那时恐怕已进入农耕时代,人类已择地居住下来了。由于缺少科学技术和其他手段,为了有好的收成,人们只能祈求上苍风调雨顺。为此需要祷告,念念有词,诗歌因此诞生。而在艺术上,最古老的创作形式可能要数岩画(Petroglyph),这方面有据可查。

1879 年和 1940 年,一对西班牙父女和四位法国儿童先后发现了 15 000 年前的史前岩画,分别是在西班牙北部桑坦德市的阿尔塔米拉(Altamira)岩洞和法国南方多尔多涅省的拉斯科(Lascaux)岩洞。这两个岩洞的壁上都刻画有许多野牛、长毛

西班牙阿尔塔米拉洞顶的野牛画像

法国拉斯科的史前岩画

象和驯鹿等动物,是冰河时代人类用简陋的石头或骨头工具完成的。而在我国大西北,宁夏回族自治区中卫市的黄河北岸,方圆450平方千米的大麦地岩画带里,也有一万多幅史前岩画,其中一部分可追溯到旧石器晚期到新石器时代。

　　学者们猜测,那些原始狩猎者可能认为,只要他们画了狩猎图,再用长矛或石斧痛打一番,真正的野兽便会束手就擒。显而易见,最初的数学和艺术是各自独立产生的,都源于人类生存的需要。那么它们在历史的长河里是如何发展、相遇而又碰撞的呢？这是本书想要探讨的问题。正如代数与时间艺术音乐有着较为密切的关系，空间艺术绘画也与几何相互作用。进一步，不同时期的绘画与几何之间，又存在着不一样的相互关系，例如文艺复兴艺术与欧氏几何、毕加索的立体主义与非欧几何、后现代主义艺术与分形几何。

20世纪美国数学史家莫里斯·克莱因（Morris Kline，1908—1992）认为，"文艺复兴是数学精神的复兴"。文艺复兴时期的意大利画家达·芬奇（Leonardo Da Vinci，1452—1519）也承认："只有紧紧地依靠数学，才能穿透那琢磨不透的思想迷魂阵。"他本人也确是自学和研习数学在先，完成《最后的晚餐》和《蒙娜丽莎》在后。也正因为文艺复兴打通了数学与艺术的界限，才使得接下来的17世纪成为"天才的世纪"，且出现多位横跨文理的巨人。以至于英国哲学家怀特海（Alfred Whitehead，1861—1947）在列举了诸多伟大发现之后感叹道，"这个世纪可以说是时间不够，没法把天才人物的重大事件摆布开来"。

相比之下，音乐与数学的关系更为隐秘，历史也更加悠久，肇始于毕达哥拉斯时代。相传有一天，这位哲人走过一家铁匠铺，听到了叮叮当当的声音。经过研究，他发现了音程[①]之间的数的关系，继而提出"万物皆数"这一哲学论断，持续影响了

[①] 所谓音程是指音级在音高上的相互关系，它以"度（数）"和"音（数）"作为度量单位。五线谱上的每一条线和每一个间都是一度，而钢琴上相邻两个键之间相差半音。

后世的欧洲文明。而到了 18 和 19 世纪，在德意志的名山哈茨山（Harz）南北两侧，两座地理上对称的小城埃森纳赫和不伦瑞克，相继诞生了"音乐之父"巴赫（Johann Sebastian Bach，1685 — 1750）和"数学王子"高斯（Carl Friedrich Gauss，1777 — 1855）。前者被誉为"音乐家中的数学家"，后者的数学发现和理论有着天籁般的音乐之美。而与巴赫同时代的瑞士数学家欧拉（Leonhard Euler，1707 — 1783）则撰写了著作《音乐新理论的尝试》，从中提出了调性网络的概念，如今仍被应用于和声学的研究。1736 年，欧拉发表了有关"哥尼斯堡七桥问题"的论文，其中也包含点和线组成的网络图。此文既是图论研究的开山之作，也预示着拓扑学的诞生。

高斯是非欧几何学的三位发现者之一，另一位发现者、匈牙利数学家鲍耶（Janos Bolyai，1802 — 1860）生前籍籍无名，却有一句话流传后世："从虚无中，我开创了一个新的世界。"非欧几何学大大拓宽了数学的研究领域，它与欧氏几何最主要的区别在于公理体系中采用了不同的平行公设。在黎曼几何中，球面上的直线是大圆（圆心在球心的圆），两点间距离最短的是经过这两点的大圆上的弧线。例如，从上海飞纽约的最短航线不是经过太平洋，而是经过北冰洋。爱因斯坦的广义相对论原理也在于此，引力源于时空弯曲，光沿着弯曲的弧线传播。

鲍耶去世 7 年以后，诞生了二元政体的奥匈帝国，而在他去世前 4 年，奥地利医生西格蒙德·弗洛伊德（Sigmund Freud，1856 — 1939）已经出生，他后来创立了精神分析学，对现代主义艺术进行了细致的剖析。弗洛伊德与布洛伊尔合著的《癔病研究》是所谓的自动写作法的延伸，而他的《梦的解析》是一部具有划时代意义的巨著，书中分析了梦的工作和基本活动，认为梦是以扭曲的形式体验到的被禁止的欲望，所有的玩笑都有认真的成分。弗洛伊德还给出了"力比多"（libido）和本我、自我、超我等概念，为潜意识学说奠定了基础，堪称人类认识自身的里程碑。特别地，弗洛伊德的学说深刻地影响了超现实主义诗歌和绘画。

进入20世纪以来，抽象化成为数学和艺术的共性，我们各举它们的两个主要分支——拓扑学和抽象代数、超现实主义和表现主义为例，说明共性和个性的存在。拓扑学有着华丽的几何外表，而抽象代数充斥着理性的符号。在同时代的诸多现代主义艺术流派中，也有两个流派的风格特征与此颇为相似，那便是载歌载舞的超现实主义和含蓄内敛的表现主义。有趣的是，弗洛伊德遗产的继承人、法国哲学家拉康不仅用语言学重新阐释了弗氏学说，还把拓扑学和集合论作为精神分析学优先研究的外部对象。

说到数学和艺术的关系这个主题，有许多科学家（包括诺贝尔奖得主）和艺术家做过不同程度的探讨。但作者注意到，他们更关注数学和艺术的外在形式，比如对称之美（也有的在方法论上做过探究），或者数字在古诗词中的妙用。但从数学和艺术的发展历程来揭示它们之间的相似性与本质属性，似乎还没有人做系统的阐释。本书是这方面的一次尝试。正如西班牙哲学家乔治·桑塔耶纳所言："机智的特征在于深入到事物的隐秘深处，从中找寻到相互关系。"幸运的是，本人在数学和艺术两方面都做了长时间的实践和探索，有着第一手的经验和认识，再加以适当的提炼和总结，写成了这本小书。

值得一提的是，1997年元月，作者获得机会申报霍英东教育基金会的高等学校青年教师基金项目，决定以"数学与艺术"为题并列好目录和写作计划，随后冒昧打电话给有一面之交的数学家吴文俊先生（中国科学院院士、首届国家最高科学技术奖得主），没想到吴老先生认为这是创新项目，值得一试。他欣然同意，并亲笔撰写了推荐意见。遗憾的是，那次申请没

吴文俊先生早年为《数学与艺术》申报霍英东青年教师基金项目亲笔撰写的推荐意见

有成功，作者也没有再见到吴老。20多年过去了，教育部设立人文社科专项科普基金，作者以"数学与艺术"为题再次申报，终获成功，也算可以告慰吴先生的在天之灵了。

如今，有过多次成功合作的商务印书馆拟彩印出版《数学与艺术》，这是江苏人民出版社三年间三次重印之后的修订版。作者兴奋之余，也对此书进行全面的润色，添加了近万字和17幅插图，包括多幅中国古典名画。本书付印时，多数章节已刊于《中华读书报》《南方周末》《文汇报》和《科学画报》《数学文化》《中国作家》《唯美》等报刊，《中国科学报》《中国艺术报》《光明日报》《解放日报》《三联生活周刊》等也予以热忱推介，在此表示诚挚的谢意。

2024年初春，杭州天目里

第一章

希腊数学与希腊艺术

> 真正的、唯一不让人遗憾的征服,
> 是对无知的征服。
> ——［法］拿破仑·波拿巴

> 受过教育的雅典人大多致力于哲学,
> 就像今天的社会名流注重夜晚的聚会一样。
> ——［美］莫里斯·克莱因

1798年，拿破仑进军埃及的时候，带去了大批学者研究埃及文化。其中，数学家有画法几何的创立者蒙日和三角级数的发明者傅里叶。不仅如此，拿破仑在旗舰上每天早晨都要召集大家讨论一个科学问题，比如地球的年龄、世界毁于大火或洪水的可能性、行星上是否可以住人，等等。抵达开罗以后，蒙日以法兰西科学院为蓝本，创建了埃及研究院。翌年，一名法国士兵在距离亚历山大港不远的罗塞塔发现一块不足一平方米的石碑，上面刻着用埃及象形文字、世俗体和希腊文三种文字记述的同一篇铭文。语言学家据此解开了古埃及象形文字之谜，使得包括数学在内的古埃及文明重见天日，"罗塞塔石碑"也成为揭示古埃及文明和希腊文明的纽带。

　　毋庸置疑，希腊数学是在古埃及文明和古巴比伦文明的基础上发展起来的，希腊艺术也是如此。最初的希腊雕刻比较呆板，如同古埃及的木乃伊。可是后来，希腊人发明了"前缩法"（forthshorting，又译"缩短法"），将从远处观察到的人或物体呈现的变形程度加以修正。例如，意大利文艺复兴时期画家曼特尼亚（Andrea Mantegna，1431—1505）的《哀悼基督》，画中人是躺卧的耶稣，原本在视觉上近景的脚显得特别的大，而远景的头又特别的小。艺术家作画时适当改变比例，即稍微缩小前景部分的尺寸，这便是希腊人发明的前缩法，它是透视法的一种。从那以后，希腊艺术就有了质的突破和飞跃，人们开始追求真实，追求美与和谐。

曼特尼亚作品《哀悼基督》(1490),现藏于米兰美术馆

1 —— 毕达哥拉斯

言必称希腊

"言必称希腊"出自毛泽东的《改造我们的学习》，是他在1941年延安整风运动时写的，当时抗日战争正处于相持阶段，毛泽东连续做报告和写文章批判以王明为首的教条主义与经验主义。言下之意是，他们只懂得希腊，不懂得中国，只知背诵马列主义而数典忘祖。有一张著名的照片流传下来：毛泽东站在窑洞前演讲，头戴八角帽，身穿满是补丁的衣服，右手扳着左手的指头，茶杯和烟盒放在一张木凳子上。这张照片所拍的，正是那个时期他做报告的场景。

很久以后我才了解到，"言必称希腊"是熟读经书的毛泽东借用《孟子·滕文公上》里的语录，"孟子道性善，言必称尧舜"。显而易见，孟子的弟子们在颂扬老师"性善论"的同时，也褒奖了他的谦逊。《滕文公》是《孟子》七篇之五。历史上有两个滕文公，分别是春秋时代和战国时代滕国的国君，此处是指战国时代的滕文公。不知为何，自学生时代起，在我的头脑里，"言必称希腊"也一直是褒义的，而并非毛泽东批评的教条主义或经验主义。那时的我不知出处，把它理解成：每种学问，无论自然科学还是社会科学，最后都能追溯到古希腊。

的确，包括数学和艺术在内，在许多方面，古希腊都是西方文明的发祥地。以任何标准来衡量，希腊文明的成就均是显著甚至无可比拟的，其流传下来的遗产难以估量。即便今天，这份遗产仍源源不断地吸引来世界各国的游客，对希腊经济大有裨益。然而，希腊文明在初创时期，却并非一帆风顺。自从旧石器时代起，希腊本土及其诸多岛屿便有人居住了。但据考古学家的发现和分析，在公元前 3000 年到前 1200 年的青铜时代，希腊文明与古埃及文明和古巴比伦文明等相比，尚且是微不足道的。

到了公元前 2000 年左右，在希腊南端的克里特岛上出现了一种文明，被后人称作米诺斯文化，也被称作爱琴海文化。他们没有创造出文字，却已经开始了海上贸易。但到公元前 1400 年前后，米诺斯文化因自然灾害和征战而荡然无存。在米诺斯文化出现的同时，一支印欧游牧民族开始进入巴尔干半岛的南端，即希腊本土。大约 4 个世纪以后，产生了迈锡尼文化，并深受克里特文明的影响。又过了 4 个世纪左右，另一支印欧民族多利安人进入希腊。

大约在公元前 1000 年左右，希腊出现了被后人称为希腊字母的字母体系，这是现代欧洲一切字母的直接或间接的源泉。但希腊字母并非希腊人的创造，而是从腓尼基字母演变来的。腓尼基人居住在今天中东地区的黎巴嫩，他们创造的字母体系派生自北闪米特语言。为了更精确有效地书写北闪米特语言，希腊字母有所改进。最重要的改变是，把原先闪米特字母中的 5 个辅音字母改为元音字母，即 a、e、i、o、u。希腊字母又分为两支，即东部的爱奥尼亚字母和西部的卡尔西迪字母，前者当时稍占上风，后者成为包括拉丁字母在内的欧洲其他字母体系的先祖。

有了字母和语言，希腊文学随之诞生。现代西方世界的大多数文学门类均是由古希腊人发明或由他们定型的，例如神话、史诗、哀歌和抒情诗、戏剧、牧歌和历史（与之相对的是编年体记事），以及哲学和属于修辞学分支的雄辩术。其中史诗出现得较早，它是表现人物和事件的长篇叙事。哀歌有所不同，可以出于爱情或战争的原因，表达个人的看法。后来，哀歌又成为抒情诗的沉思性先导。在我们将要叙述的智者泰勒斯和毕达哥拉斯之前，也只出现了史诗、哀歌和抒情诗的代表性人物与作品。

在希腊史诗中，最有代表性的无疑要数荷马的《伊利亚特》和《奥德赛》，它们是千百年来口头传说的成果。至今人们仍无法确定，是否真有一个叫荷马的盲诗人写了这两部作品。同样不能肯定的是，它们是在何时写成的。《伊利亚特》是特洛伊战争故事的一个插曲，伊利亚特的意思是"伊利昂的故事"，伊利昂正是特洛伊的别称。而《奥德赛》是这个故事的续篇，讲述了希腊英雄奥德修斯战后返家的冒险故事。即使对现代读者来说，史诗中图画般生动的语言、戏剧性的冲突和英雄人物仍给他们以强烈的印象。

荷马塑像，2世纪罗马人仿作
现藏于大英博物馆

值得一提的是，引发特洛伊战争的美女海伦只在史诗开头和结尾两次出场。而《伊利亚特》开篇的第一句话是"阿喀琉斯的愤怒是我的主题"，阿喀琉斯是希腊联军主将，他有过两次愤怒。一次是统帅阿伽门农贪恋女色，遭阿波罗惩罚，被施以瘟疫。另一次是战友被杀、盔甲丢失，联军被特洛伊人追杀，他与阿伽门农和解，出战杀死敌军主将赫克托耳。而在《奥德赛》中，主人公两次捆绑手下。一次是漂过一处海岸，有些船员吃了"忘忧果"，流连忘返，奥德赛把他们绑在船上继续航行。随后他们来到一座海岛，被独眼巨人波吕斐摩斯囚禁在山洞里，奥德赛用计刺瞎巨人的唯一一只眼睛，把同伴绑在公羊的肚子下面，逃出了洞口。盲眼的巨人每天坐在洞口，早晚用石子计数羊群。他的故事告诉我们，数学起源于牧羊人计算羊群的只数。

比荷马史诗更早的是古代苏美尔人的史诗《吉尔伽美什》，这部用楔形文字写在泥板书上的史诗，是19世纪中叶英国的亚述学者发现的。吉尔伽美什是乌鲁克城（Uruk）的统治者，乌鲁克城位于今天伊拉克幼发拉底河下游右岸，乌鲁克文化大约是在公元前3400年至公元前3100年，乌鲁克人创

吉尔伽美什石像
现藏于巴黎卢浮宫

第一章　希腊数学与希腊艺术　　017

造了图画文字,这是后来楔形文字的雏形。吉尔伽美什作恶多端,人民苦不堪言,天神派来半人半兽的勇士恩奇都。两人搏斗难分胜负,于是结拜为兄弟,一同为人民造福,成为民众爱戴的英雄,在雪松林里打败了怪兽洪巴巴。

有些学者认为,《圣经》里的大洪水等关键主题演变自史诗《吉尔伽美什》,而史诗中出现的大量的对联,又显示它与后来的《奥德赛》之间存在微妙的关系。除了荷马史诗,赫西奥德的教育史诗《神谱》和《工作与时日》也流传后世。《神谱》中出现了蛇发女妖美杜莎,凡看见她眼睛的都会被石化,《美杜莎之筏》是19世纪法国画家籍里柯(Theodore Gericault,1791—1824)的名作;《工作与时日》则常被现代诗人用作标题。赫西奥德一生少有远行,他大约生活在公元前8世纪,从公元前5世纪开始,学者们便争论他和荷马到底谁生活的年代更早,但始终没有明确的结论。

在《神谱》中,从混沌之神卡俄斯(Chaos)到大地女神盖娅(Gaia)、天神乌兰诺斯(Uranus)、时间之神克洛诺斯(Cronus),再到宙斯(Zeus)等奥林匹斯诸神,他们之间的关系清晰明了,一点也不混乱,每个神都有奇特的故事。例如,时间之神是如何打败父王天神的呢?当天神与地神母亲在床上时,他用一把镰刀割掉了父亲的生殖器,往海里一扔,结果海上出现了一堆泡沫,从这堆泡沫中诞生了爱神阿芙洛狄忒,在罗马神话里叫维纳斯,这便是文艺复兴时期波提切利的油画《维纳斯的诞生》。这似乎预示着,后来希腊智者的逻辑思维有着神话的渊源。

大约在公元前700年,在今天的希腊、小亚细亚(土耳其亚洲部分西部）和意大利南方，古希腊文明以一种松散的城邦联合体形式开始出现，不仅海上贸易繁荣昌盛，而且致力于文学、艺术、政治、哲学和科学的发展。虽说希腊文明不如巴比伦文明和埃及文明出现得早，但游牧民族出身的希腊人勇于开拓，他们不愿意因袭传统，更喜欢接触并学习新鲜的事物。而对埃及人和巴比伦人来说（正如英国哲学家罗素所言），宗教的因素约束了智力的大胆发挥，他们更关心死后的日子和现世的福利，也因此记录星辰的运动。

另一方面，由于希腊国土崎岖不平，贫瘠的山脉阻碍了陆路交通，平原的面积也非常有限。随着人口不断增加，有一部分人便渡海前往新的殖民地。从西西里岛、南意大利到黑海之滨，希腊人的定居点星罗棋布。既然移民如此众多，返乡探亲和贸易往来便不可缺少，于是有不少航线连接东地中海和黑海的港口。加上先前由于地震灾害移居到小亚细亚的克里特人，希腊人与东方接触的机会越来越多，尤其是与埃及和巴比伦这两大河谷文明来往甚多。

当大批游历东方的希腊商人、学者返回故乡，他们带回的不仅有《吉尔伽美什》史诗里的故事片段，还有一些数学知识。在被山脉和海洋分割的各个城邦社会里，两个主要阶层——贵族和平民彼此并不截然分开，在战争中同属于一个国王领导，而这个国王只是某个贵族家庭中的首领。这样一来，便容易产生民主和唯理主义氛围。表现在经验的算术和几何法则上，则容易被上升到具有逻辑结构的论证体系中。人们常常发问："为何等腰三角形的两底角相等？""为何圆的直径能将圆两等分？"等等。

七贤之首

在古希腊,数学家和哲学家层出不穷,就如同文艺复兴时期亚平宁半岛的作家和艺术家一样。1266 年,即大诗人但丁降生佛罗伦萨的翌年,这座城市近郊又诞生了那个世纪最杰出的艺术家乔托(Giotto,约 1266—1337),他的父亲是个农民。一般认为,艺术史上最伟大的时代,就是从乔托开始的。文艺复兴时期的意大利艺术史家瓦萨里认为,乔托脱离中世纪而创造了"杰出的现代风格"。按照英国艺术史家贡布里奇爵士的说法,在乔托以前,人们看待艺术家就像看待一个出色的木匠或裁缝一样,艺术家甚至经常不在自己的作品上署名。而在乔托以后,艺术史就成了艺术家的历史。

相比之下,数学家出道要早得多。第一个扬名后世的数学家是希腊的泰勒斯(Thales of Miletus,约前 625—前 547),他出生在小亚细亚的米利都城(今土耳其亚洲部分西海岸门德雷斯河口附近),生活的年代比乔托早了 18 个世纪。泰勒斯被誉为前苏格拉底时代的"希腊七贤"之首,其余六位是雅典的梭伦(Solon)、斯巴达的开伦(Chilon)、罗德岛的克里奥布拉斯(Cleobulus)、科林斯的佩立安得(Periander)、累斯博斯

泰勒斯头像

的庇达克斯（Pittacus）和同属小亚细亚的拜阿斯（Bias）。

由于年代久远，加上当时人们的思想只能口头传播，除了泰勒斯和梭伦以外，其余五位贤人的生平事迹皆不可考。我们只知道他们都是政治家和统治者，每位只有一两句格言流传下来。例如，拜阿斯的名言"人多手脚乱"，佩立安得的名言"行事前须三思"，庇达克斯的名言"抓住时机"，克里奥布拉斯的名言"凡事中庸"。"凡事中庸"与梭伦的名言"避免极端"一样，同中国儒家思想有相近之处；而佩立安得的名言接近我国的成语"三思而后行"，后者最初说的是鲁国大夫季文子，可是，连孔子都不赞成他的患得患失。泰勒斯和梭伦当然也有格言流传后世，他们的名言我最欣赏的是"认识你自己"（泰勒斯）和"言语是行动的镜子"（梭伦）。

米利都是当时希腊在东方最大的城市，也是爱奥尼亚的12个城邦之一，居民大多是来自克里特岛的移民（米利都本是克里特的一个地区名）。在爱奥尼亚，商人统治代替了氏族贵族政治，思想较为自由和开放，产生了多位文学界、科学界和哲学界的著名人物，相传诗人荷马和历史学家希罗多德也来自爱奥尼亚。泰勒斯早年经商，曾游历埃及和巴比伦，学习并掌握了那里的数学和天文学。除此以外，他研究的领域还涉及物理学、工程技术和哲学。事实上，希腊七贤中，只有泰勒斯是渊博的学者。

关于泰勒斯的生平，我们主要依赖后世哲人的著述。《泰阿泰德篇》是古希腊哲学家柏拉图的一篇重要作品，泰阿泰德（Theaetetus，约前417—前369）是苏格拉底的学生，老师去世时他在场。他是数学家兼哲学家、立体几何的创立者，是《泰阿泰德篇》（还有柏拉图另一部著作《智者篇》）的主要对话者，此篇探讨"知识"的本性，也是对老师和师兄的纪念。书中记述了泰勒斯的一桩轶事：有一次他仰观天象，不小心跌进沟渠，一位美丽的女仆嘲笑他说，近在足前都看不见，怎会知道天上的事情呢？对此泰勒斯并未回应，倒是梭伦的发问刺痛了他。

泰勒斯可能是许许多多终身独居的智者中的第一人。据古罗马传记作家普鲁塔克记载，有一次梭伦到米利都探望泰勒斯，问起他为何不结婚，当时泰勒斯未予回答。几天以后，梭伦听闻儿子不幸死于雅典，这令他悲痛欲绝。这时泰勒斯笑着出现了，在告之消息纯属虚构以后，声明自己不愿娶妻生子的原因，就是害怕面对失去亲人的痛苦。据说泰勒斯中年时，母亲催促过，答曰"还没到那个时候"；后来步入晚年，老母亲又催婚，答曰："现在已过了那个时候。"

说起梭伦，他是一位政治家、改革家、立法者，公元前594年出任雅典城邦的首席执政官。此外，他还是一位成功的商人，喜欢游历名山大川，考察社会风情，甚至在诗歌创作方面也颇有成就，有"雅典第一位诗人"的美誉。虽然梭伦的诗歌主要赞颂雅典城邦和法律，但他也会抨击、谴责贵族的贪婪、专横和残暴，坚信道德胜于财富。例如，梭伦曾在诗中写道："作恶的人每每致富，而好人往往受穷；可是我们不愿意把道德与财富交换；因为道德是永存的，而财富每天更换主人。"

第一个留名的数学史家欧德莫斯（Eudemus of Rhodes，约前4世纪下半叶）是亚里士多德的得意门生，可惜所著算术史和几何史著作均已失传。他曾写道："……（泰勒斯）将几何学研究（从埃及）引入希腊，他本人发现了许多命题，并指导学生研究那些可以推出其他命题的基本原理。"传说泰勒斯根据人的身高和影子的关系测出埃及金字塔的高度。柏拉图学园晚期的导师普罗克洛斯（Proclus，410—485）则写道："泰勒斯证明了平面几何中的若干命题：圆的直径将圆分成两个相等的部分；等腰三角形的两底角相等；两条相交直线形成的对顶角相等；如果两个三角形有两角、一边对应相等，那么这两个三角形全等。"

当然，泰勒斯最有价值的数学工作是如今被称作"泰勒斯定理"的命题："半圆上的圆周角是直角。"更为重要的是，他引入了命题证明的思想，即借助一些公理和真实性已经得到确认的命题来论证，可谓开启了论证数学之先河。

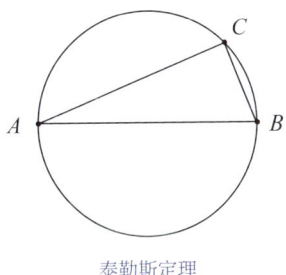

泰勒斯定理

这是数学史上一次不同寻常的飞跃，几个世纪以后被欧几里得在写作《几何原本》时发扬光大。虽然没有原始文献可以证实泰勒斯取得了所有这些成就，但以上记载流传至今，使得他获得了第一个数学家和论证几何学鼻祖的美名，而"泰勒斯定理"自然也就成了数学史上第一个以数学家名字命名的定理。

在数学以外，泰勒斯也成就非凡。他认为，阳光蒸发水分，雾气从水面上升而形成云，云又转化为雨，因此断言水是万物的本质。值得一提的是，泰勒斯把金属也归于"水"的范畴，大概因为它能熔化。他还认为，地球是浮在水面的圆盘，地震是地球借水的漂移发生的震动。虽然他的观点并不正确，但他敢于揭露大自然的本来面目，并建立起自己的思想体系，因此被公认为是希腊哲学的鼻祖。事实上，他很可能是第一个提出"什么是万物本源"这个哲学问题，并尝试予以回答的人。泰勒斯首创理性主义精神、唯物主义传统和普遍性原则，在神学方面他是个多神论者，认为世间充斥各种神灵。晚年泰勒斯招收学生，创立了米利都学派。

在物理学方面，琥珀摩擦产生静电的发现也归功于泰勒斯。他对天文学颇有研究，曾估量太阳和月球的大小，并确认了小熊星座，指出其有助于航海事业，首次将一年的时长确定为365天。有着"历史学之父"美誉的希罗多德（Herodotus，约前484—前425）也是西方文学的奠基人，其名著《历史》记载：泰勒斯曾准确地预测了发生在公元前585年的一次日食，并借此平息了一场战争。至于泰勒斯所用的方法，后世学者认为可能是古代巴比伦人发现的沙罗周期（Saros）[①]。欧德莫斯相信，泰勒斯已经知道按春分、夏至、秋分和冬至来划分的四季是不等长的。而泰勒斯与梭伦之间的交往，则可能是有史以来数学家与政治家、数学家与诗人之间最早的友谊。

在泰勒斯的学生中间，以阿那克西曼德（Anaximander，约前610—前545）和阿那克西米尼（Anaximenes，约前586—前526）最有成就，还有一位历史学家、作家和旅行家赫卡泰奥斯

[①] 沙罗周期是天文学术语，为日食和月食的周期，长度约6585.32天，相当于18年又10.3或11.3日（视在此期间有5个还是4个闰年）。在每个沙罗周期内，约有43次日食和28次月食。

（Hecataeus，约前550—前476），也被有的学者划到泰勒斯门下。赫卡泰奥斯不仅用优美简洁的文笔写出了最早的游记（他在波斯帝国有广泛的游历），同时也是地理学和人种学的先驱，他有一句名言流传后世："埃及是尼罗河的礼物。"但从他的生年和泰勒斯的卒年来看，似乎还不够成为后者的学生。无论如何，赫卡泰奥斯是波斯统治下的米利都人，他是有记载的古希腊第一个历史学家。在他去世前不久出生的希罗多德也模仿他说过："几何学是尼罗河的礼物。"

阿那克西曼德认为世界不是由水组成的，而是由不为我们熟知的某种特殊的基本形式组成的（构成土、气、水、火四种元素的某种实体）。不仅如此，他还创造出一种归谬法，并由此推断出人是由海鱼演化而来的，[①]高级动物是由低级动物演化来的。阿那克西曼德提出了一种重要的宇宙观，即地球是宇宙的中心（一个自由浮动的圆柱体），太阳、月亮和星星都围绕着地球呈环状排列。在哥白尼的学说出现之前，这个宇宙观延续了两千多年。据说阿那克西曼德曾率领使节团到斯巴达，并在那里展示了他的两项伟大发明——日晷和（人类绘制的第一幅）世界地图。

阿那克西米尼的观点又有所不同，他认为世界是由空气组成的，空气的凝聚和疏散产生了各种不同的物质形式。与米利都学派两位前辈一样，他的哲学也是一元论，埃及人和巴比伦人

---

① 1998年在云南澄江化石地发现的昆明鱼是迄今为止地球上发现的最早的脊椎动物，是人由鱼演化而来的有力证据。

利用神灵来解释世界的形成与本质,他们则做了自然主义的阐释。据说阿那克西米尼有过上千个门徒,有一次他上课时要求学生放下笔记本认真听课,答应课后发给大家讲义。结果他只给了一张白纸,让大家把听到的写在纸上,只有路过旁听的毕达哥拉斯(Pythagoras of Samos,约前580—前500)[①]记全了。这个故事真假难辨,但富有哲理,涉及教师或管理者的艺术,就是让学生或员工对自己负责,学会掌握重要的实用技能。

毕达哥拉斯

在与米利都只有一箭之遥的爱琴海上,有一座叫萨摩斯的小岛。岛上的居民比陆地上保守一些,盛行一种没有严格教条的奥尔菲主义,经常把有共同信仰的人召集在一起。这或许是让哲学成为一种生活方式的开端。这种新哲学的先驱正是前文提及的阿那克西米尼课上的那位旁听生——毕达哥拉斯。他成年后离开萨摩斯

毕达哥拉头像
现藏于罗马卡比托利尼博物馆

---

① 关于毕达哥拉斯的生卒年,有不同的版本,此处采用《不列颠百科全书》的描述。

岛，到米利都求学。据阿那克西曼德的一位学生所言，毕达哥拉斯早年拜访过泰勒斯，泰勒斯以年事已高为由拒绝了他，但建议他去找阿那克西曼德。毕达哥拉斯不久发现，在米利都人眼里，哲学是一种高度实际的东西，这与他本人超然于世界的冥想习惯相反。

按照毕达哥拉斯的观点，人可以分三类，最低层是做买卖交易的，中间层是参加（奥林匹克）竞赛的，最高一层是旁观者，即所谓的学者或哲学家。之后，毕达哥拉斯离开米利都，独自一人一路游历来到埃及，在那里居住了 10 年，学习了埃及人的数学。后来，他在埃及成了入侵的波斯人的俘虏，又被掳到了巴比伦，在那里住了 5 年，掌握了更为先进的数学。加上旅途的停顿，当毕达哥拉斯乘船返回自己的故乡，时间已经过去了 19 年，比后来中国东晋的高僧法显（334—420）和唐代的玄奘法师（602—664）到印度取经所用的时间还久。

可是，保守的萨摩斯人仍无法容纳毕达哥拉斯的思想，他只好再度漂洋过海，到意大利南部的克罗托内（如今是省会城市），在那里安顿下来，娶妻生子并广收弟子，形成了所谓的毕达哥拉斯学派。尽管这个社团是个秘密组织，有着严格的纪律，但他们的研究成果并没有为宗教思想所左右，反而形成了一个传递两千多年的科学（主要是数学）传统。"哲学"（φιλοσοφια）和"数学"（μαθηματιχα）这两个词本身便是毕达哥拉斯本人所创造的，前者的意思是"智力爱好"，后者的意思是"可以学到的知识"。

毕达哥拉斯学派的数学成就主要包括：毕达哥拉斯定理，特殊的数和数组如完美数、亲和数、形数、毕氏三数的发现，正多面体作图，$\sqrt{2}$ 的无理性，黄金分割，等等。这些工作有的至今悬而未决（完美数、亲和数），有的被应用到日常生活的方方面面，有的如毕氏定理则提炼出了费尔马大定理这样深刻而现代的结论。与此同时，毕达哥拉斯学派注重和谐与秩序，并重视限度，认为这即是善，同时强调形式、比例和数的表达方式的重要性。

据说，毕达哥拉斯曾用诗歌描述了他发明的第一个定理：

> 斜边的平方，
> 如果我没有弄错，
> 等于其他两边的
> 平方之和。

这个早已被巴比伦人和中国人发现的定理，第一个证明是由毕达哥拉斯给出的。当他取得这项成果时，他紧紧抱住哑妻西阿诺（奥运冠军的女儿，也是他的学生），大声喊道："我终于发现了（Eureka）！"毕达哥拉斯还发现，三角形的三个内角和等于两个直角的和。他同时证明了，平面可以用正三角形、正四边形或正六边形填满。用后来的镶嵌几何学可以严格地推导，不可能用其他正多边形来填满平面。

至于毕达哥拉斯是如何证明毕氏定理的，一般认为他采用了一种剖分的方法。如图所示，设 a、b、c

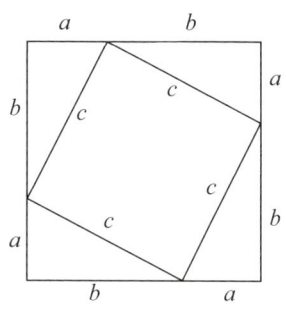

毕达哥拉斯定理的证明

分别表示直角三角形的两条直角边和斜边，考虑边长为 $a+b$ 的正方形的面积。这个正方形被分成 5 块，即 1 个以斜边为边长的正方形和 4 个与给定的直角三角形全等的三角形。这样一来，求和后经过约减，就可以得到：

$$a^2+b^2=c^2.$$

关于自然数，毕达哥拉斯最有趣的发现与定义是亲和数（amicable number）和完美数（perfect number）。所谓完美数是这样一个数：它等于其真因子的和，例如 6 和 28，因为

$$6=1+2+3,$$
$$28=1+2+4+7+14.$$

《圣经》开篇《创世记》里提到，上帝用 6 天的时间创造了世界（第 7 天是休息日），而相信地心说的古希腊人认为，月亮围绕地球旋转所需的时间是 28 天（即便在哥白尼的眼里，太阳系也恰好有 6 颗行星）。古罗马思想家圣奥古斯丁在《上帝之城》中写道："6 这个数本身就是完美的，并非因为上帝造物用了 6 天；事实上，恰恰因为 6 是完美的，所以上帝在 6 天之内把一切事物都造好了。"

迄今（2024 年 2 月）为止，人们只发现 51 个偶完美数，没有人找到一个奇完美数，也没有人能够否定它的存在。不难证明，偶完美数均以数字 6 或 8 结尾。古希腊人曾猜测它们交替以 6 和 8 结尾，后来被证实是错误的。但几年前作者统计了已有的完美数，以 8 结尾的和以 6 结尾的完美数分别是 19 个和

雅典卫城上的巴特农神庙

30个,如果下一个(第50个)完美数以6结尾的话,那么19比31(约0.613)趋近于黄金分割比,后来果然应验了。这对数恰好也是雅典卫城上的巴特农神庙东西两面的高度和宽度(单位:米)。于是,作者大胆猜测:此比值的极限是黄金分割比!有意思的是,黄金分割恰好也是毕达哥拉斯学派提出来的,只是他们当初没想过其与完美数之间可能存在某种联系。

所谓黄金分割比是指把一条线段分割成两部分,使其中一部分与全长之比等于另一部分与这部分之比,其比值是

$$\frac{\sqrt{5}-1}{2} \approx 0.618\ldots$$

按此比例设计的造型特别美丽,被称为黄金分割。这个数值不

仅体现在诸如绘画、雕塑、音乐、建筑等艺术领域，也在管理、工程设计等方面有重要的应用，在日常生活中的应用也比比皆是。

而亲和数是指这样一对数：其中的任意一个是另一个的真因子之和。例如220和284，这是毕达哥拉斯学派发现的。后人为亲和数添加了神秘色彩，使其在魔法术和占星术方面得到应用，《圣经》里提到，雅各送孪生兄弟以扫220只羊，以示挚爱之情。直到两千多年以后，第二对亲和数（17926，18416）才由17世纪法国数学家费尔马（Pierre de Fermat，1607—1665）找到，他同时代的同胞、数学家兼哲学家笛卡尔（Rene Descartes，1596—1650）则找到了第三对（9363584，9437056）。虽然18世纪瑞士数学家欧拉找到了60多对亲和数（运用现代数学技巧和计算机，数学家们发现了一亿多对），但是第二小的一对（1184，1210）却是19世纪后期16岁的意大利男孩帕格尼尼（Paganini）找到的。

更为难得的是，毕达哥拉斯的思想持续影响了后世的文明。在中世纪时，他被认为是"四艺"（算术、几何、音乐、天文）的倡导者和鼻祖。在天文学方面，毕达哥拉斯最早发现晨星和昏星是同一颗星（后来被称为金星）。欧洲文艺复兴以来，他的观点如黄金分割、和谐比例等均被应用于美学。16世纪初期，波兰人哥白尼自认为他的"日心说"属于毕达哥拉斯的哲学体系；稍后，发现自由落体定律的意大利人伽利略也被称为毕达哥拉斯主义者；而17世纪创建微积分学的德国人莱布尼茨（Gottfried Leibniz，1646—1716）则自认为是毕达哥拉斯主义的最后一位传人。

谈到音乐，毕达哥拉斯认为这是最能对生活方式起到净化作用的。他发现了音程之间的数的关系。一根调好的琴弦如果长度减半（手指所指），将会奏出一个高八度音。同样，如果缩短到三分之二，就奏出一个第五音；而如果缩短到四分之三，则奏出一个第四音，如此等等。换句话说，数的比例决定了音调。无论怎样调音，在一台钢琴上都不能同时精准地弹奏高8度音和第5音。这是因为，两个相隔8度音的音符发生频率为2比1，而两个相隔5度音的音符发生频率为3比2。

毕达哥拉斯学派不仅发现 $\sqrt{2}$ 不是有理数，他们还断定，不定方程

$$\left(\frac{3}{2}\right)^x = \left(\frac{2}{1}\right)^y$$

并无正整数解。也就是说，这两个比率是不可通约的。

调好的琴弦与和谐的概念在希腊哲学中占据重要地位。和谐意味着平衡，对立面的调整和联合，就像音程适当调高调低。20世纪英国哲学家罗素认为，伦理学（又称道德哲学）中的中庸之道等概念，可以溯源到毕达哥拉斯的这类发现。

音乐上的发现直接导出了"万物皆数"的理念，这可能是毕达哥拉斯学派最本质的哲学思想，它区别开了米利都学派的那三位先哲。在毕达哥拉斯看来，一旦掌握了数的结构，就控制了世界。在此以前，人们对数学的兴趣主要源于实际的需要，例如埃及人是为了测量土地和建造金字塔；而到了毕达哥拉斯那里，却是（按希罗多德的说法）"为了探求"。这一点从毕达哥拉斯对"数学"和"哲学"的命名也可以看出，又

如,"计算"一词的原意是"摆布石子"。他们从数学的角度解释世界,从而确立了自然科学的发展方向。

毕达哥拉斯认为,数乃神的语言。他指出,在我们生活的世界,多数事物是匆匆过客,随时会消亡,唯有数和神是永恒的。当今世界早已进入数字时代,那似乎也是毕达哥拉斯的一个预言。遗憾的是,这个数字所控制的世界更多是物质的,尚缺少一些神圣或精神的东西。2018年初春,作者有幸造访了克罗托内的毕达哥拉斯学园遗址,那里还有一根毕达哥拉斯时代遗留下来的石柱,比雅典巴特农神庙残留的石柱还要早上一个多世纪。物换星移,有少数事物却留传下来了。

毕达哥拉斯学园遗址。作者摄于意大利克罗托内

2 ——《诗学》与《原本》

柏拉图学园

公元前 500 年，毕达哥拉斯在塔兰托附近的梅塔蓬图姆（Metapontum）遇害。第二年，世界历史上第一次欧亚大陆之间的大规模战争——希波战争爆发了。起因是强大的波斯阿契美尼德王朝为扩张版图而入侵希腊，不料这场战争持续了将近半个世纪。结果恰好相反，在经历了马拉松战役、温泉关战役和萨拉米斯海战之后，希腊城邦国家和制度得以幸存下来，而波斯帝国却从此一蹶不振。这场战争是人类历史上前所未有的文化大融合，其影响力远远超出波斯和希腊两国，促进了东西方文明的交流和发展，推动了科学、艺术和人类社会的发展进步。希腊文明得以保存并发扬光大，成为日后西方文明的基础。

希波战争结束那年，苏格拉底（Socrates，前 470—前 399）刚年满 20 岁，雅典正处于伯利克里（Pericles，前 495—前 429）的黄金时代。苏格拉底出身贫寒，父亲是雕刻师，母亲是助产士，他自己也做过雕刻师和石匠，据说曾参与雅典卫城的建造。苏格拉底有着扁平的鼻子、厚厚的嘴唇，眼睛凸出，身材矮小。虽说容貌平凡，但他言语朴实，头脑里有着神圣的思想。那会儿智者从全国各地云集雅典，给民主制度带来许多新知和自由论辩的新风尚，苏格拉底向诸位智者学习，也受到俄耳甫斯教和毕达哥拉斯学派的影响。

苏格拉底青少年时代很好学，后来熟读荷马史诗，靠自学成为一名博学的智者。他一生过着艰苦的生活，无论严寒酷暑，都穿一件普通的单衣，经常不穿鞋，吃喝更不讲究。苏格拉底对学问专心致志，并以传授知识为生，不设馆也不取报酬。其生平事例、思想成就，任由弟子记录，其中最出色的两位弟子是柏拉图和色诺芬。苏格拉底的学说带有神秘主义，他反对研究自然界，认为那是亵渎神灵的。他喜欢提出异议，爱讽刺人，其主要武器是反驳论证，也叫反诘，借此指出别人观点中潜在的混乱和荒谬，这被后人称为苏格拉底方法。

公元前 429 年，伯利克里在再度当选为首席将军之后，被瘟疫夺去了生命，雅典盛极而衰。此时苏格拉底已成为远近闻名的人物，许多有钱人家和穷人家的孩子聚集在他周围，向他讨教。苏格拉底却常常说："我只知道自己一无所知，""只有神才是智慧的。"他以自己的无知而自豪，并认为人人都应承认自己的无知。然而，公元前 399 年，苏格拉底却被控犯有"渎神"罪，被处以传统的极刑——饮鸩。他的罪名是：腐蚀青年，藐视城邦崇拜的诸神以及从事稀奇古怪的宗教活动。

苏格拉底以不屑一顾的态度对待这种指控，同时又作了相当于承认确有其事的"辩护"，因此（或许是）以 280 票对 220 票被判有罪。当时如果苏格拉底同意支付一笔数目并不太大的罚金，是可以不被判处死刑的。然后他却采取强硬立场，说自己其实是社会的大恩人，应该作为杰出人士享受国家供养的待遇。结果这个说法激怒了法庭，死刑判决被更多票数通过了。接下来的一个多月，每天都有朋友来狱中看他，有的设法帮他越狱，但被他拒绝。最后他选择饮下毒芹汁，缓慢而痛苦地死去。

苏格拉底之死，尤其是临死前表现出来的大无畏气概，给了弟子柏拉图深深的刺激。柏拉图虽然出身显赫，却放弃了从政的想法，终其一生投入哲学研究。他称他的导师是"我所见到的最智慧、最公正、最杰出的人物"。苏格拉底死后，而立之年的柏拉图离开雅典，开始漫长的游历，先后造访了小亚细亚、埃及、昔兰尼（今利比亚东北部）、南意大利和西西里等地。大约在那个时候，柏拉图开始写作对话录，多数以苏格拉底为中心人物，其他人物也大多是真实存在的。但他的写作究竟是在苏格拉底去世之前还是之后开始的，已无法确定。

正是在旅途中，柏拉图接触了多位数学家，包括西西里岛上毕达哥拉斯学派的一位传人，并亲自钻研了数学。返回雅典之后，柏拉图与人合作，在西北郊创办了一所颇似现代私立大学的学园（Academy，这个词是为纪念战斗英雄阿卡德米，如今的意思是科学院或高等学府）。学园里有教室、饭厅、礼堂、花园和宿舍，柏拉图自任园（校）长，他和助手们讲授各门课程。除了两次应邀重返西西里讲学以外，他在学园里度过了生命的后40年，而学园本身则奇迹般地存在了900年，犹如传说中的毕达哥拉斯学派。

柏拉图头像
现藏于罗马卡比托利尼博物馆

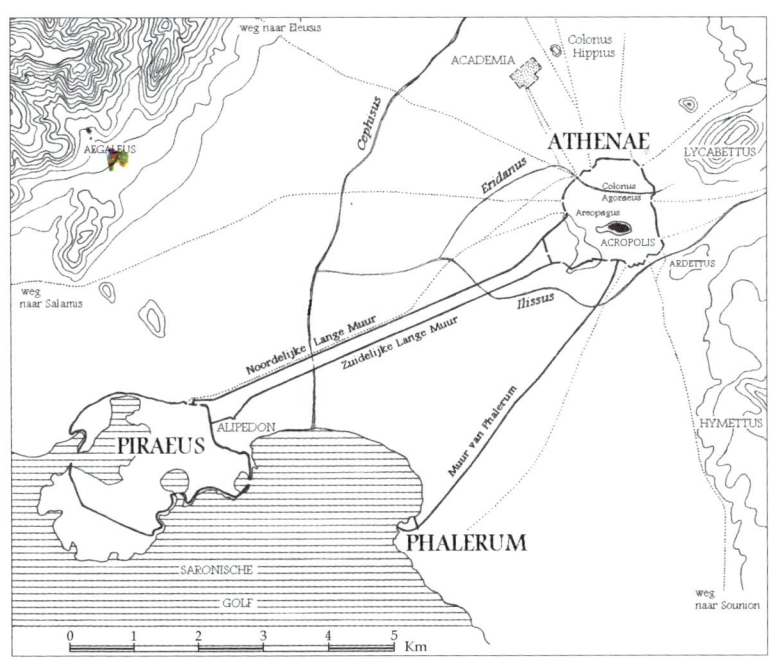

古代雅典地图，柏拉图学园在西北郊

作为哲学家，柏拉图对欧洲的哲学乃至整个文化、社会的发展有着深远的影响。他一生共撰写了 36 本著作，大部分用对话的形式写成。内容主要关于政治和道德问题，也有的涉及形而上学和神学。例如，在《国家篇》里他提出，所有的人，不论男女，都应该有机会展示才能，进入管理机构。在《会饮篇》里这位终生未娶的智者也谈到了爱欲，"爱欲是从灵魂出发，达到渴求的善，对象是永恒的美"。用最通俗的话讲就是，爱一个美人，实际上是通过美人的身体和后嗣，求得生命的不朽。

虽然柏拉图本人并没有在数学研究方面做出特别突出的贡

献（有人将分析法①和归谬法②归功于他），但他的学园却是那个时代希腊数学活动的中心，大多数重要的数学成就均由他的弟子取得，例如一般整数的平方根或高次方根的无理性研究（包括由无理数的发现导致的第一次数学危机的产生和解决）、正八面体和正二十面体的构造、圆锥曲线和穷竭法的发明（前者的发明是为了解决倍立方体问题③），等等。

对数学哲学的探究，也起始于柏拉图。在他看来，数学研究的对象应该是理念世界中永恒不变的关系，而不是感觉的物质世界的变化无常。他不仅把数学概念和现实中相应的实体区分开来，也和在讨论中用以代表它们的几何图形严格区分。举例来说，三角形的理念是唯一的，但存在许多三角形，也存在相应的各种不完善的摹本，即具有各种三角形形状的现实物体。这样一来，就把起始于毕达哥拉斯的数学概念的抽象化又向前推进了一步。

---

① 分析法是把复杂的事物或现象分解成若干简单的组成部分，分别进行研究的方法。分析法是综合法的对称，后者是把各个组成部分、各个方面和各种因素联系起来，从总体上认识和把握事物或现象的方法。

② 归谬法是反证法的一种形式。用反证法时，如果命题只出现一种情况，那只须将它驳倒就可以，这种反证法叫"归谬法"；如果有多种情况，那必须将它们一一驳倒，才能证明命题成立，这种反证法叫"穷举法"。

③ 倍立方体是所谓古希腊三大几何问题之一，另外两个问题是化圆为方、三等分角，都要求只用直尺和圆规作图。直到19世纪，随着伽罗华理论出现和林德曼证明 π 是超越数以后，数学家们才弄清楚，这三个问题实际上是不可解的。

在柏拉图的所有著作中，最有影响的无疑要数《理想国》。这部书由 10 篇对话组成，核心部分勾勒出形而上学和科学的哲学，其中第 6 篇谈及数学假设和证明。他写道："研究几何、算术这类学问的人，首先要假定奇数、偶数、三种类型的角以及诸如此类的东西是已知的。……从已知的假设出发，以前后一致的方式向下推，直至得到所要的结论。"由此可见，演绎推理在学园里已经盛行。柏拉图还严格把数学作图工具限制为直尺和圆规，这对于后来欧几里得几何公理体系的形成有着重要的促进作用。

谈到几何学，我们都知道那是柏拉图极力推崇的学问，是他构想的要花费 10 年学习的精密科学的重要组成部分。柏拉图认为创造世界的上帝是一个"伟大的几何学家"，他本人对（仅有的）5 种正多面体的特征和作图有过系统的阐述，以至于它们被后人称为"柏拉图立体"。从公元 6 世纪以来广为流传的一则故事说，柏拉图学园门口刻着"不懂几何学的人请勿入内"，而在出口则写着"懂哲学者方能治国"。无论如何，柏拉图充分意识到了数学对探求人类理想的重要性，在他的遗著《法律篇》中，他甚至把那些无视这种重要性的人形容为"猪一般"。

遗憾的是，柏拉图一方面称赞"上帝是位几何学家"，另一方面又要把诗人逐出"理想国"。他曾历数艺术家的两大罪状："艺术不真实，不能给人真理；艺术伤风败俗，惑乱人心。"但柏拉图并非反对诗歌，他在《国家篇》里写道："消遣的、悦耳的诗歌能够证明它在一个管理良好的城邦里有存在的理由，那么我们非常乐意接纳它，因为我们自己也能感受到它的迷人。但是要背弃我们相信是真理的东西而去执迷于诗

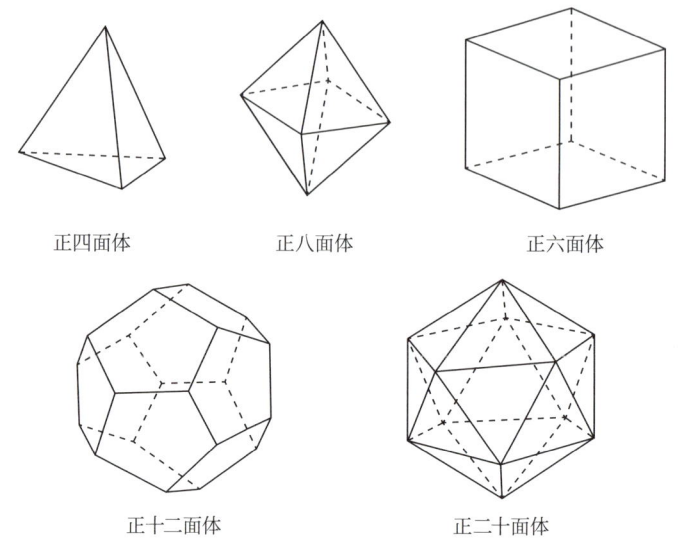

被称为柏拉图立体的5种正多面体

歌,这总是不虔诚的,因为诗歌和诗人干扰了我们宁静的灵魂和对世界的理性判断。"换句话说,柏拉图是从理性出发,站在政府的立场上。

柏拉图学园培养了无数杰出的学生。在数学领域,就有立体几何的创始人泰阿泰德(他也是柏拉图学园的联合创始人)、比例理论的建立者欧多克索斯(他提出数和量是两个不同的概念,前者仅限于有理数,他还最早建立了宇宙的几何模型,是"地心说"和经纬度划分的提出者)、圆锥曲线的发现者美涅克漠(Menaechmus,欧多克索斯的学生),甚至大数学家欧几里得早年也来柏拉图学园攻读,这一切使得柏拉图及其学园赢得"数学家的缔造者"的美名。这里我想先介绍一下欧多克索斯。

欧多克索斯（Eudoxus，约前400—约前347）出生在小亚细亚的尼多斯（Cnidus），年轻时做过一位医生的助理。公元前368年，欧多克索斯陪同医生来到雅典，在那里学习了两个月。他住在外港比雷埃夫斯，在此期间几乎每天都步行数十公里去雅典的柏拉图学园听课，学习数学、天文学和哲学，同时与柏拉图建立了私人友谊。多年以后，欧多克索斯在马尔马拉海南岸建立了自己的学园，最后率领部分学生搬迁到雅典，很可能加入了柏拉图学园。

亚里士多德与《诗学》

众所周知，柏拉图学园里最杰出的学生并非上文提到的几位数学家，甚至也不是欧几里得，而是全才的亚里士多德（Aristotle，前384—前322）。亚里士多德出生在希腊北部哈尔基季基半岛小城斯塔基拉（Stagira）。他的父亲是马其顿国王阿敏塔斯三世的御医，阿敏塔斯三世是腓力二世的父亲，亚历山大大帝的祖父。作

亚里士多德头像

为医生的儿子，亚里士多德幼时便接触到"医学之父"希波克拉底（Hippocrates，前460—前377）的著作《时疫》，懂得医学和生物学的概念与实践，以至于后来他的哲学思想带有明显

的生物学倾向。

　　亚里士多德年少时，父亲便去世了，他被委托给一位亲戚监护。17岁那年，亚里士多德被送进雅典的柏拉图学园，在那里一待就是20年。他在柏拉图和其他导师的教导下学习活力充足，思想活跃，对修辞和辩论颇有心得。公元前367年，柏拉图在参加一次婚宴时忽感不适，随后退到一个角落里，安静地去世。学园由柏拉图的侄子继承，亚里士多德离开了雅典，开始像他的老师一样漫游。至于他为什么离开，或许是因为未能掌管学园，与新任园长哲学观念不同，也可能是因为他的马其顿背景。

　　亚里士多德与他的同窗兼好友色诺克拉底结伴，先到小亚细亚西北岸的港市阿苏斯（Assus），在那里开始研究解剖学，并着手撰写《政治学》。师兄弟俩的性格有别，亚里士多德生性活跃，色诺克拉底沉默寡言，为此当年曾被老师柏拉图比喻为"一个需要马刺，另一个需要笼头……"不过，当他们在阿苏斯的新学校共事时，两人的不同个性却成就了天作之合。赞助人是一位富有的军人，他当年参观柏拉图学园时便有志于在小亚细亚也创建一所学校，把希腊制度和希腊哲学扩展到亚洲大地。

　　在阿苏斯，亚里士多德娶了赞助人的侄女皮西亚斯，他们生了一个女儿。《政治学》是西方政治学研究的开山之作，依据他和学生对希腊诸城邦政治法律制度的调查写成，其核心内容是城邦问题，以"人是天生的政治动物"为前提，分析了城邦的形成和基础，以及公民的教育等，提出了理想城邦的设想。书中也描绘了他心目中的理想婚姻：丈夫37岁，妻子18岁。亚里士多德那年37岁，故而人们猜测皮西亚斯当时是18

岁。亚里士多德曾表示希望两人死后合葬一处，可惜她去世太早，后来他又找了一个伴侣（无法确定是妻子还是情人），她为他生了一个儿子。

亚里士多德在阿苏斯待了三年以后，来到一水之隔的莱斯沃斯岛，那是希腊第一个女诗人萨福的故乡（萨福如今已成为女同性恋的代名词）。亚里士多德在首府米蒂利尼与一位朋友合办了一所学校，在那里他的兴趣转向生物学，并进行了开拓性的研究。他强调观察对于生物学的重要性，"理论必须被观察到的事物确认，才能享受到真正的荣誉"。柏拉图认为，灵魂是一种独立存在的实体，暂时寓居于肉体之中；而亚里士多德则认为，灵魂是一种生命力，本质上与肉体一道构成个人。

公元前343年和前342年之交，42岁的亚里士多德应腓力二世之邀，到马其顿首都培拉，担任13岁的亚历山大的家庭教师。他试图依照荷马史诗中的英雄形象来培养王子，而后者后来也的确成为人类历史上最伟大的君王和军事家之一，但据说两人的关系并不融洽。亚里士多德认为希腊人高于一切，教导弟子应禁止臣民与外邦人通婚，但亚历山大却娶了一位波斯贵族女子为妻①，甚至以叛国罪处死了老师的侄子。不过亚历山大后来也送给老师一个礼物，重建了他那被父王摧毁的故乡斯塔

---

① 公元前327年，亚历山大迎娶粟特（其首都在今乌兹别克斯坦撒马尔罕）公主罗珊妮。3年以后，他在波斯都城苏萨（1901年，汉谟拉比法典在此出土）又与战败的大流士国王之女斯塔蒂娜成亲。此外，他还被认为与马其顿贵族之子赫费斯提翁关系暧昧。

基拉。

公元前335年，年近半百的亚里士多德从斯塔基拉回到雅典，其时柏拉图学园在色诺克拉底的掌管下正处于盛期。他在东北郊的森林里创办了自己的学校——吕园，以神话中的杀狼者吕刻俄斯（Lyceum）命名。亚里士多德不拘礼节，常与弟子们一边散步，一边教学，因此被称为逍遥派，吕园也成为一所集教学与研究为一体的学校。12年以后，亚历山大大帝死于征战途中，雅典出现了短暂而激烈的反马其顿浪潮。亚里士多德深感自己处于危险之中，便离开雅典，去往母亲的故乡、雅典北面的埃维亚岛首府哈尔基斯。第二年，亚里士多德因为胃病，在岛上去世。

与阿卡德米一样，吕园也是通过争论和讨论来教育学生，并不要求他们盲目接受老师的观点。亚里士多德的文风简洁明快，富有个性，他的思想可以概括为：经验是知识的来源，逻辑是其结构。公元前1世纪的罗马作家西塞罗在《论学园派》里写道："亚里士多德温和的风格宛如一条金色的河流。"他的著作甚丰，古代后期尚有数百卷留存，而古代书目所列他的独立著作多达170种。即便在今天，仍幸存30多部，2000多印刷页。亚里士多德在《论哲学》里提到文明发展的五个阶段，分别是：生产生活必需品，创造艺术，政治的艺术，美化生活，从自然到神的哲学。

一般来说，亚里士多德的著作分为两类：一类是生前发表，有些后来佚失的；另一类是未经本人发表，或者根本不打算发表，而由他人搜集并保存下来的。《诗学》可能属于后者，成书于他游学结束返回雅典之后，可谓是他成熟期的著作。现存的文本是他在吕园的讲义或其门生的笔记，论证严密但较为晦涩，可能未经整理加工，容易引发不同的解释。《诗学》共分两卷，可惜第二卷失传了。第一卷中曾说到后面还要讨论喜剧，可能就在第二卷。无论如何，《诗学》是亚里士多德美学思想的结晶，是西方美学的开山之作。

据说《诗学》与亚里士多德的其他著作曾在地窖里沉睡了一百多年，后来经过

10世纪《诗学》的阿拉伯文译稿

逍遥派哲学家安德罗尼卡（Andronicus of Rhodios，活动时期为公元前1世纪）的整理、校订之后，才得以流传。6世纪时《诗学》被译成叙利亚语，10世纪时被译成阿拉伯语，现存最早的版本是11世纪拜占庭人的手抄本。文艺复兴之初，《诗学》从阿拉伯语转译成拉丁语。15世纪后期以来，《诗学》对欧洲文学和美学思想的影响越来越盛，古典主义文学和美学将其奉为圭臬。即便是现当代艺术和美学理论的构建，也离不开《诗学》研究，人们从不同角度和方式从中汲取思想养料。

现存《诗学》共26章，内容大体可分三部分：第1—5章，论述艺术的本性是摹仿，依次区分不同的艺术形式，追溯艺术的起源和历史发展；第6—24章及26章，论述悲剧的特

征及构成要素，同时比较了史诗和悲剧；第 25 章，论述批评与反驳的原则、方法。全书主要论述了三个艺术哲学问题，即艺术的本性、悲剧的意义和艺术的作用；其美学思想也可依此归结为三点：摹仿说、悲剧论和净化说。这其中，最本质的应是摹仿说。

亚里士多德开宗明义地指出，艺术的本性就是摹仿。他认为，史诗、悲剧、喜剧、酒神颂以及其他各种艺术"均为摹仿……摹仿人的性格、情感和活动"。但亚里士多德所说的"摹仿"，并不等同于我们通常理解的临摹、仿效，它还有技艺摹仿自然的宽泛含义。《诗学》中的"诗"是指创制技艺（艺术创作），它表现的是人和人的生活。事实上，希腊艺术原本就以和谐、庄重、恬静等为特征，艺术地再现生活。

在亚里士多德之前，希腊的哲人们已有论及"摹仿"，但赋予不同的意义。毕达哥拉斯认为美是对数的摹仿；赫拉克利特主张艺术摹仿自然的和谐；苏格拉底说绘画、雕像之类的艺术不仅摹仿美的形象，且可以借形象摹仿人的情感、个性。柏拉图在《国家篇》中，详细论述了诗是摹仿。他认为，木匠摹仿床的"形式"制作木床，画家画的床又只是摹仿木床的影像，不是真实的存在。艺术远离理念与理性，不仅无补于城邦治理和公民道德，且会悖逆真与善，造成理性和情欲的冲突。也正因为如此，柏拉图主张把诗人逐出理想国。

亚里士多德的哲学思想不同于他的老师，他对艺术的"摹仿"本性也有迥然相异的理解。在他看来，现实事物包括人的活动，都是真实存在的，具有多样意义；诗摹仿人的活动，在作品中创制出艺术真实的存在；"摹仿"不只是表现外在形象，更是表现人的本性和活动，显示人的这种"存在"意义。而且，"摹仿"是求知活动，以形象方式获取真理，形成关于人的创制知识；艺术的"摹仿"并非只受感觉和欲望驱使，它凭借"实践智慧"洞察人生，把握生活的真谛。因此，摹仿的艺术是高尚的知识活动。

亚里士多德的摹仿说可以概括为以下三个方面。其一，一切艺术产生于摹仿。其二，摹仿是人的本性，艺术在实现人的本性中进化和完善。他认为，人天生有摹仿的禀赋，人对美的事物有天生的美感能力。在他看来，从孩提时起我们就有摹仿的本能，人是最富有摹仿能力的动物，人类通过摹仿获取最初的经验和知识。摹仿实质上是一种求知能力，正是这一点把人与其他动物区别开来。

其三，摹仿应表现必然性、或然性和类型。亚里士多德认为，诗人的职责不是记录已发生的事，而是描述出于必然性、或然性而可能发生的事，某种特殊的人和事。历史和诗的区别不只在于是否用韵文写作，希罗多德的《历史》若改写为韵文，依然是历史著作。他分析诗与历史的区别：历史叙述已经发生的事实，诗则描述出于必然、或然，在过去、现在、将来都有可能发生的事；历史只记录个别事件和人，诗则在可能的事件和人中显示"普遍的本性"，因而比历史"更富哲理，更为严肃"。

《诗学》是欧洲美学史上第一篇也是最重要的文献，亚里士多德率先用科学的观点和方法阐明美学概念、研究文艺问题。遗憾的是，在现存的《诗学》26章中，亚里士多德主要讨论的是史诗和悲剧，并没有涉及造型艺术，甚至也没有谈到抒情诗。大概因为抒情诗没有布局，古希腊人认为它属于音乐。可是，古希腊人在雕刻和建筑方面，留下了为数不多却精美绝伦的作品，虽说有些只是残存或摹制品，也非常值得一提。

米隆（Myron，活动时期约公元前480—前440）是古希腊雕塑家，他的青铜作品《掷铁饼者》（约公元前450）原件已遗失，现在我们看到的是罗马时期的大理石摹制品。与米隆同时代的菲狄亚斯（Phidias，活动时期约前490—前430）是大雕塑家，只可惜雅典巴特农神庙里他的杰作《命运三女神》残肢断躯，连脑袋都没有了。巴黎罗浮宫的《维纳斯》只缺了双臂，是约公元前150年的大理石作品，但那时已是希腊艺术衰落期，故而有艺术史家认为它是公元前4世纪作品的仿制品。《维纳斯》是1820年在爱琴海的米洛斯岛由一位农夫发现的，人体动态与舒卷自然的衣褶相宜，有着绝代的风韵，几经周折才被法国人收购占有。

最接近完整的雕刻是《拉奥孔》，那是公元前1世纪罗德岛雕塑家阿格桑德罗斯（Agesandros）父子的作品，取材于荷马史诗《伊利亚特》中特洛伊战争的故事。拉奥孔是特洛伊祭司，他看出了希腊人的木马是个诡计，告诫同胞别把木马拖进城（里面藏着雅典士兵）。雅典保护神雅典娜为惩罚拉奥孔"泄露天机"，放出两条巨蟒缠死了他和一对孪生儿子。雕塑表现的就是这一触目惊心的场面，反映了神对大众的威慑力，包含"说真话的人没有好下场"这样一种对社会的愤懑情绪。1506年，该群雕在罗马提图斯浴场遗址被发现，被教皇尤里乌斯二世收购，现藏梵蒂冈博物馆。由于发现得早，《拉奥孔》对文艺复兴艺术有巨大的影响。米开朗琪罗称赞：真是不可思议。

古希腊雕塑《拉奥孔》

德国美学家莱辛（Gothold Lessing，1729—1781）据此写下同名著作，该书为欧洲最重要的美学文献之一。

建筑方面，大约在公元前6世纪，古希腊的柱子经历了石化（petrification）过程，由木材、泥砖或黏土改为石柱。因此有部分建筑保存下来，最负盛名的无疑是雅典卫城的巴特农神庙。按照公元前1世纪罗马建筑师维特鲁威《建筑十书》的记载，它是由公元前5世纪的建筑师伊克蒂诺（Ictinos）和卡利克拉特（Callicarats）设计的。如同上一节所言，巴特农神庙采用了黄金分割比，即东西两面的宽和高分别是 19 米和 31 米，它们的比值非常接近黄金分割比。

至于它背后藏匿的数学原因，可能与素变数等差数列的素数分布不均匀有关。事实上，前文提到的关于完美数个位数的猜想，便得益于作者对这两个长度的记忆。当有意无意地分别数了偶完美数中个位数是 6 和 8 的个数时，立刻联想到巴特农神庙。此外，雅典的许多建筑柱式博采各城邦的特长，例如东部小亚细亚沿海的爱奥尼亚式，富有柔和、活泼的女性之美；南方半岛的多利克式，富有强硬、坚实的男性之美；柯林斯式则更纤细、富有装饰性。保存得最完整的当数稍早的雅典忒休斯神庙，只因为它在中世纪时被改作基督教堂。

最后，我们想谈谈亚里士多德和柏拉图对私有财产的不同看法。历史上，财产的概念经常变化，早期一般只涉及土地和奴隶，后来扩大到专利和版权等无形资产，以及任何被认为是生活和自由所必需的东西。柏拉图受斯巴达人的启发，反对各种各样的私有财产，他认为私有财产腐蚀人的灵魂，助长贪婪、嫉妒和暴力。亚里士多德的观点恰好相反，他认为共同财产的拥有者之间更容易争斗，而私有制对人类进步至关重要，因为人们会受到激励努力工作，从而成为有道德的人。在这一点上，亚里士多德似乎比老师更有远见。20 世纪波兰出生的美国历史学家派普斯（Richard Pipes，1923 — 2018）直言："人类必须拥有，才能生存。"

说到私有财产，它与当今炙手可热的比特币有关。在互联网时代，人们渴望把个人财产数字化，这需要解决两个问题。一是稀缺性，数字产品谨防被复制和重新分配。二是可转让性，只有这样才能交易资产，否则所有权会丧失意义。这两点也是金钱的属性，一旦解决，数字产品会成为新的钱币形式。比特币刚好满足这两点，首先它通过软件加固公识规则并加以保护，形成数字稀缺；其次可转让性可由公钥密码学来保障，也就是不可伪造的数字签名。最著名的公钥密码是 RSA（麻省理工学院的三位教授姓氏首字母）体系，它是利用数论中的欧拉定理和南宋数学家秦九韶（1208 — 1268）的大衍求一术构造的，后者是说：

若整数 a 和 m（>1）互素，
则存在唯一小于 m 的非负整数 x，
使得 ax–1 是 m 的倍数。

欧几里得与《原本》

如果说亚里士多德的《诗学》认定艺术的本性是摹仿，是对人类生活的三维空间的形象仿制，那么，我们完全可以说，比他稍晚的欧几里得的《原本》是对同一个三维空间的抽象仿制。关于数学家欧几里得，无人知道他确切的生卒年，他出生、长大和去世、安葬的地方[①]，他以一部《原本》扬名后世。

[①] 存在一种混淆，就是比欧几里得早一个世纪的数学家兼哲学家欧克莱德斯（Eucleides of Megara），他是苏格拉底的学生、柏拉图《泰阿泰德篇》的对话者之一，Megara（麦加拉）是雅典西边的城市。

19世纪的欧几里得塑像,现藏于牛津大学博物馆

在 19 世纪以前，欧几里得是几何学的代名词。有一个流行的说法是，《原本》的总印数仅次于《圣经》，欧几里得也被视为所有纯粹数学家中对世界历史的进程最有影响力的一位。

现在我们知道，大约在公元前 300 年，欧几里得作为数学家，活跃于地中海边古希腊的文化和科教中心亚历山大。

《原本》拉丁文版

亚历山大当时是托勒密王朝的都城，如今是埃及第二大城市。欧几里得生活的年代，比亚里士多德晚，但比另一位大数学家阿基米德早。主要依据是两部著作，一部是柏拉图学园晚期的导师普罗克洛斯的《几何学发展概要》（约 450 年，简称《概要》），这是他为《原本》写的注释；另一本是 4 世纪数学家帕波斯的《数学汇编》（简称《汇编》）。

《概要》中指出，欧几里得是托勒密一世（Ptolemy I，约前 367—前 282，前 323—前 285 在位）时代的人，早年求学于雅典，深谙柏拉图的学说。他的《原本》引用了欧多克索斯等多位柏拉图学派人物的成果，他本人也是柏拉图学派的成员。书中还提及，阿基米德的著作也引用过《原本》里的命题。《原本》建立了公设和公理，这一点明显受到亚里士多德逻辑思想的影响。《汇编》中则记载，圆锥曲线的集大成者阿波罗尼奥斯（Apollonius of Perga，约前 262—前 190 年）曾长期居住在亚历山大，与欧几里得的学生们相熟。

《概要》记述了一则轶事：国王托勒密问欧几里得，除了《原本》以外，有无其他学习几何的捷径，欧几里得回答："几何学中没有王者之路。"这句话后来被推广为"求知无坦途"。5 世纪的编者斯托比亚斯也记载了欧几里得的一则轶事：当有一个新来的学生问学习几何学将来能得到什么时，欧几里得没有正面回答，而是让奴仆给了他一个便士，然后说："因为他总想着从学习中捞到好处。"由此可见，欧几里得要求学生循序渐进，反对投机取巧和功利的实用主义。

欧几里得的《原本》是一部划时代的著作，从它诞生的年代流传至今，对人类文明的进步有着持续的重大影响。《原本》的历史意义在于它是用公理方法建立起来的逻辑演绎的第一个典范。之前所累积的数学知识是片段零碎的，好比砖瓦和木石，欧几里得借助逻辑方法，把这些知识整理组合起来，使之处于一个严密的系统之中，建成了一座巍峨的大厦。可以这么说，欧几里得是数学领域最杰出的建筑师。

从泰勒斯到欧几里得，希腊数学经历了三个世纪的发展。从爱奥尼亚学派开启几何论证到毕达哥拉斯学派从具体的事物中提炼出抽象的数，这段历史为《原本》的诞生提供了材料和基石。波希战争以后，雅典成为文化中心，那里的智人学派提出几何作图的三大问题、用直尺和圆规的规则，成为欧氏几何的金科玉律。安蒂丰（Antiphon，约前 480—前 411）尝试用"穷竭法"解决"化圆为方"问题，孕育了近代极限论思想。而德谟克利特用原子法推导出锥体体积是同底等高柱体的三分之一，则成为《原本》重要的计算方法。

值得一提的是，在欧几里得之前约一个世纪，希波克拉底（Hippocrates of Chios，活动时期约公元前460）就曾写过一部几何原理的著作，它可能是《原本》的雏形，可惜没有流传下来。这个希波克拉底比同名的"医学之父"略早，出生在小亚细亚海岸的希俄斯岛，该岛位于萨摩斯岛的西北。传说他是个商人，因为货物被海盗抢劫，到雅典去控告，却没能收回自己的财物。结果他留在雅典，听数学演讲，最后竟然能依靠教授几何为生。而亚里士多德有不同的说法，认为他是被拜占庭的税务官给骗了。希波克拉底发现并利用泰勒斯定理和毕达哥拉斯定理证明了"月牙定理"：半圆上的直角三角形，两条直角边形成的弓形（lune AC 和 lune CB）的面积之和等于三角形面积。①

对《原本》影响最大的，要数柏拉图学派。柏拉图非常重

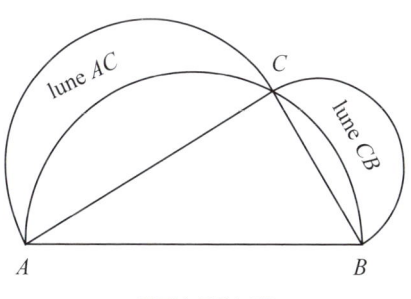

月牙定理的证明

---

① 首先，由泰勒斯定理，半圆上的圆周角是直角；其次，由毕达哥拉斯定理，$AC^2+BC^2=AB^2$；再由圆或半圆的面积计算公式，以AC和CB为直径的半圆面积之和等于以AB为直径的半圆面积；然后分别减去两个公共的圆弧面积之和，即证得月牙定理。

视数学，特别强调终极实在的抽象本性和数学对于训练哲学思维的重要性。他的弟子欧多克索斯用公理法建立比例理论，《原本》第 5 卷大多取自他的工作。欧多克索斯还把安蒂丰的穷竭法加以改进，首次用于数学证明，使之成为《原本》的重要论证方法。而亚里士多德创立的形式逻辑，则为欧氏几何的严密体系创造了必要条件。值得一提的是，我国魏晋时代的数学家刘徽（约 225 —约 295）创立的"割圆术"也是一种穷竭法，只不过安蒂丰始于正方形，而刘徽则是从正六边形开始的。

当然，《原本》也有着时代的局限性。例如，早在公元前 5 世纪，意大利南部伊利亚学派的芝诺（Zero of Elea，约前 490 —约前 425，伯利克里是他的学生）便提出了多个著名的悖论，其证明用到了归谬法，这迫使那时和后来的数学家、哲学家开始思考无穷问题。这一点《原本》中有所体现，但多多少少回避了。例如：第一卷公设三，明明线段可以"无限"延长，却要说线段可以"任意"延长；第四卷命题二十，明明是证明了"素数有无穷多"，却要写成"素数的个数比任意给定的数目都多"。

《原本》共 15 卷。前 6 卷讲几何，接下来 4 卷是数论的内容，但用几何的方式叙述，最后 5 卷仍然讲几何。第一卷首先给出了 23 个定义，开头两个不同凡响：点是没有部分的（A point is that which has no part）；线只有长度而没有宽度（A line is breadthless length）。之后，是有关平面、直角、垂直、锐角、钝角、平行线等的定义。定义之后是 5 个公设：

（1）从任意一点到另一点可作一直线；

（2）线段可以任意延长；

（3）以任意中心、任意半径可作一圆（以上是欧几里得作图法）；

（4）凡直角皆相等；

（5）若一直线与两直线相交，所构成的同旁内角小于两直角，那么，把这两直线延长，一定在那两内角的一侧相交。

虽然第五公设的叙述有些烦琐和费解，但是最为著名。两千多年以后，18世纪的苏格兰数学家普莱费尔（Playfair, 1748—1819）给出了今天我们熟知的简洁的等价形式（普莱费尔公设）：

> 过直线外一点，
> 可以作且仅能作唯一的一条平行线。

公设之后是公理，也是5个，其中前两个为：

> 等于同量的量彼此相等；
> 整体大于局部。

之后各卷，再也没有公设或公理，而只有命题，每卷均有几十个。卷一有48个命题，现在看起来比较初级。比如第五命题说的正是古希腊人的老生常谈：等腰三角形两个底角相等，且它们的外角也相等。那时欧洲的数学水平确实也很低，第五命题居然被认为是"驴桥",意思是"笨蛋的难关"。

卷二要深一些,其中命题五是一元二次方程的求解,基本上给出了如今中学里的公式解,其等价形式可以导出下列勾股数组:

$$\{2n+1,\ 2n^2+2n,\ 2n^2+2n+1\},$$

其中 n 可为任意正整数。依照普罗克洛斯的说法,这一数组是毕达哥拉斯给出的。他同时指出,柏拉图给出了另一数组,即:

$$\{2n,\ n^2-1,\ n^2+1\}.$$

命题 13 是如今中学里熟知的余弦定理

$$c^2=a^2+b^2-2ab\cos C,$$

这里角 C 是两条长度为 a 和 b 的边的夹角。当角 C 为 90 度时,上述公式即为毕达哥拉斯定理。不过,欧几里得是用几何方法描述余弦定理的,并没有出现三角函数。卷七开始讲数论,开头也给出了 22 个定义,最后一个是完美数的定义:一个数等于它自身的部分(真因子)之和,这个数叫完美数。等到了卷九,命题 36 才证明了完美数的著名结果:若 2^n-1 是素数,则 $2^{n-1}(2^n-1)$ 是完美数。值得一提的是,这个结论的逆定理要到两千多年以后,才由瑞士数学家欧拉给出证明。于是我们有了下面的

> 欧拉—欧几里得定理:
> 一个偶数是完美数,当且仅当它是以下形式
> $2^{n-1}(2^n-1).$

这里 n 和 2^n-1 均为素数，其中 2^n-1 如今被称为梅森素数，以 17 世纪法国数学家、牧师梅森命名。

特别地，当 n 取 2 和 3 这两个素数时，可分别得到 6 和 28 这两个最小的完美数。当 n 取 5 和 7 时，则可得第三小的完美数 496 和第四小的完美数 8128，这也是古希腊人知道的所有完美数。梅森素数貌似简单，但当指数 n 值较大时，其素性检验的难度就会很大。1772 年，已经双目失明的欧拉以顽强的毅力，用心算找到第 8 个梅森素数和第 8 个完美数，分别有 10 位和 19 位，对应的是 $n=31$。在手工时代，人们历尽艰辛，总共找到 12 个梅森素数。

2018 年 12 月 7 日，一位名叫帕特里克·拉罗什（Patrick Laroche）的美国人利用 GIMPS（互联网梅森素数大搜索）项目，成功地找到第 51 个梅森素数，该素数有 24 862 048 位，是迄今为止人类发现的最大的素数。帕特里克是来自佛罗里达州奥卡拉市的志愿者，这个梅森素数所对应的 $n=825\,899\,233$，相应的第 51 个完美数共 49 724 095 位。如果用普通字号将它打印下来，长度将超过 200 公里！

早在 8 世纪末，《原本》就由巴格达阿拔斯王朝第五代哈里发拉希德时期的学者译成阿拉伯文，它的第一个完整的拉丁文版本大约在 1120 年由英国经院哲学家阿德拉德（Adelard of Bath，约 1116—1142）从阿拉伯文译出，第一个完整的英译本是在 1570 年由做过伦敦市长的苏格兰商人比林斯利爵士（Henry Billingsley，？—1606）从希腊文原文译出。1808 年，称雄欧洲、酷爱数学的法国人拿破仑在梵蒂冈图书馆找到一些希腊文数学手稿，将它们带回到巴黎。其中就有欧几里得两种著作的手抄本，包括《原本》。几年以后，《原本》的希腊文、拉丁文和法文版在法国同时出版了，它们被称为梵蒂冈本，是公认最接近于原著的版本。

《原本》最早的中文版是 1607 年在北京出版的，由意大利传教士利玛窦（Matteo Ricci，1552 — 1610）和明代学者徐光启（1562 — 1633）合作翻译，卷首并排写着"泰西利玛窦口译""吴淞徐光启笔受"。这也是中国近代翻译西方数学典籍的开始，从此开启了中西学术交流的大门。他们所依据的是德国人克拉维乌斯（Christoph Clavius，1537 — 1612）的拉丁文增订版，两人只译了前六卷，并起名为《几何原本》。出版不久，徐光启的父亲去世，他扶柩南归，丁忧三年。1610 年，徐光启回京复职，利玛窦已不幸病逝。直到 250 年以后，英国传教士伟烈亚力（Alexander Wylie，1815 — 1887）和清代数学家李善兰（1811 — 1882）才合作译完《几何原本》并在上海出版。

在 19 世纪非欧几何学诞生以前，《原本》一直是几何的推理、定理和方法的主要源泉。它也是促成现代科学产生的一个重要因素，其完整的演绎推理结构甚至给思想家们带来灵感。可以说，《原本》既是对现实世界的仿制，也为这类仿制提供了必要的工具。从某种意义上讲，这类仿制就是亚里士多德在《诗学》里谈到的摹仿说。可以这么说，几乎是在同一时期，古希腊以相似的方式诞生了分别作为数学和艺术最高理论结晶的《原本》和《诗学》。下一章我们要讲的是文艺复兴时期的绘画，它的方法和实践离不开欧几里得几何学，其中最为突出的是透视原理和没影点的技法。

利玛窦与徐光启
德国17世纪学者基歇尔《中国图说》插图

第二章
文艺复兴时期的绘画与几何

> 我希望画家通晓全部自由艺术,
> 但我首先希望他们精通几何学。
> ——[意]利昂纳·阿尔贝蒂

> 欣赏我作品的人,
> 没有一个不是数学家。
> ——[意]莱昂纳多·达·芬奇

早在公元 1 世纪或 2 世纪，中国东汉时期的画家已开始采用斜透视（oblique perspective）。如图，北宋时期的界画《磨坊》（局部），作者不详（传为卫贤的《闸口盘车图》），现藏于上海博物馆。场景是水磨坊，周围河道环绕。其中斜透视与景物和人物比例的缩小相结合，达到了很好的效果。这种斜透视是画面对物体三个方向上的主要面都倾斜的透视，多用于高层建筑物等。从某种意义上来说，接近于下面要讲述的西方绘画中的三点透视。

有一种说法，中国的斜透视传自印度，后者又来源于古罗马，但是没有确凿的证据。事实上，除了界画《磨坊》，在清代苏州画家徐扬的画作《盛世滋生图》（又称《姑苏繁华图》，长 12.25 米，现藏于辽宁博物馆）和日本江户时代画家鸟居清长（Torii Kiyonaga，1752 — 1815）的浮世绘作品中，也可以见到这种技法。鸟居清长的作品以色彩鲜明且和谐著称，笔下的美女被赞为"清长美人"。

据说在公元前 5 世纪的希腊绘画作品中，已经出现透视原理的应用。稍后，亚里士多德在《诗学》中，将透视描述为：在舞台上使用平板来提供深度的幻觉。同时代的希腊画家亚西比德（Alcobiades）也把这一技巧应用于绘画，这位画家可能是雅典将军、政治家亚西比德的后裔，后者是哲学家苏格拉底的生死之交，是典型的聪明而注重自我的雅典人，在伯罗奔尼撒战争期间，他反复于雅典、斯巴达和波斯之间而左右局势。巧合的是，欧几里得在他的光学理论中也引入了透视的数学原理。

北宋界画《磨坊》(局部)

1 斐波那契

序列与曙光

与其前辈毕达哥拉斯一样，欧几里得在数学之外也有许多爱好，他喜欢天文学、力学和音乐，可谓多才多艺。据说欧几里得写过一本论音乐的书，可惜没有流传下来。不过，欧几里得的著作《光学》却幸运地传了下来，其中的光学理论包含了透视的数学原理。事实上，这是最早的希腊文本的透视学著作。与《原本》一样，这本书的开头也列举了公设，总共12个，比《原本》（公设和公理各5个）还多两个，由此他推出了61个命题。例如，公设1说的是：

> 人看见物体，
> 是光线从眼睛出发射到所看见的物体上去。

这是柏拉图以来的传统观点，后来却被出生于巴士拉（今伊拉克）、有着"托勒密第二"雅号的阿拉伯人海桑（Alhazen，965—1040）给否定了。海桑写过一本《光学》，后来被牛顿（Isaac Newton，1643—1727）誉为最具影响力的物理学著作之一。书中明确指出，"光来自眼睛所见的物体"。海桑是一位通才（阿拉伯语叫"哈基姆"），除了光学，在数学、天文学、心理学、医学等领域都有建树。他在开罗艾资哈尔大学任教授时，

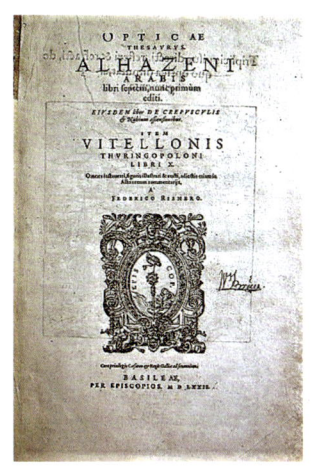

阿拉伯数学家海桑　　　　　　海桑的《光学》拉丁文版封面

首次提出科学方法，他也被认为是第一个阿拉伯科学家、"科学方法论之父"。

欧几里得证明的命题六是：

> 处于平行位置，大小相同、距离不同的物体，
> 在眼中看到的大小并不与远近成比例。

这等于说，

$$若\ \alpha < \beta < \frac{\pi}{2}，则\ \frac{\tan \alpha}{\tan \beta} < \frac{\alpha}{\beta}.$$

《原本》是古典数学的结晶，讲述的内容也超出几何学的范畴，如我们在第一章所言，书中包含了许多基础数论的内容。例如，欧几里得算法（中国典籍称辗转相除法）、算术

基本定理、素数有无穷多个的证明、完美数的定义和偶完美数的充分条件，甚至在证明中使用了"任何正整数集合必有最小者"的假设（良序性）。遗憾的是，书中并没有提到任何一个数的递归序列。

在数学中，序列是指排成一列的对象或事件，每个元素不是在其他元素之前，就是在其他元素之后。序列可以是有限的，也可以是无限的。无论如何，它都是有次序的，例如，{M，A，R，Y} 和 {A，R，M，Y} 是两个不同序列，正如 Mary 和 army 是两个不同的英文单词。值得一提的是，序列也是生物学的重要概念，所谓 DNA 序列是指组成某一个 DNA 分子的四种脱氧核苷酸（A，T，C，G）的排列次序。核苷酸是分子结构复杂的有机化合物，作为染色体存在于细胞核内，起到储藏遗传信息的作用。

而在数论领域，序列就是有编号的无穷数组或数的集合，通常用下标表示编号，如 A={a_n}，简称数列或序列，这里 a_n 表示该数列的第 n 项。数列可以是符合一定规则的数的集合，也可以是满足某种初始值和递归法则的数的集合。属于前者的出现较早，可以说俯拾皆是，例如，

正奇数序列 { 1，3，5，7，9，… }，
偶数序列 { 0，2，-2，4，-4，… }，
素数序列 { 2，3，5，7，11，… }，
极限趋向于 1 的序列
　　{ 0.9，0.99，0.999，0.999，0.9999，… }，
以圆周率为极限的序列

$$\{3, 3.1, 3.14, 3.141, 3.1415, \cdots\},$$

由圆周率的各位数组成的序列

$$\{3, 1, 4, 1, 5, 9, 2, \cdots\}.$$

以上诸数列是自然存在的。用递归序列表示的数列姗姗来迟，至少，在公元后的第一个千年里没有出现，这与罗马人的统治和欧洲漫长的中世纪有关。众所周知，公元前 212 年，在叙拉古（今意大利西西里岛）沙盘上研究几何问题的阿基米德被入侵的罗马士兵刺死，这是一件标志性的历史事件，预示着希腊数学和灿烂的文化走向衰败。从那以后，罗马人开始了野蛮的统治。

而自从 5 世纪罗马帝国瓦解以来，欧洲又进入了漫长的"中世纪"，这个称谓是后来意大利人文主义者命名的，目的是把自己所处的时代与之区别开来，并与古希腊和古罗马遥相呼应。诗人彼得拉克则称其为"黑暗时代"，这与流行了数个世纪的黑死病不无关系，那段时间整个欧洲的数学停滞不前，数学的主要成就是在中国、印度和阿拉伯等东方国家取得的。

在公元 1000 年前后，距离中世纪的结束依然十分遥远，欧洲的数学出现了某种转机，或者说是曙光。999 年 4 月 2 日，一位酷爱数学的法国学者、教师热尔贝（Gerbert，约 945—1003）当上了教皇，他也是第一位法国人教皇，自称西尔维斯特二世。在任期间，热尔贝坚决反对买卖神职和用人唯亲，要求神职人员保持独身生活。据说，热尔贝之所以能够登上教皇的宝座，与他擅长数学不无关系。

热尔贝出生在法国中部的奥弗涅大区，年轻时旅居西班牙

教皇热尔贝与魔鬼（1460年漫画）

年，曾在巴塞罗那以北 60 公里的一座修道院学习毕达哥拉斯学派倡导的"四艺"。伊比利亚半岛因为被阿拉伯人侵占并统治，具有较高的数学水平，虽说那会儿从阿拉伯语到拉丁语的后翻译时代还没有正式开始，大量的古希腊著作尚没有被译成拉丁语，热尔贝却已掌握了相当多的数学和天文知识技能。不难推测，他应该是精通阿拉伯语的。

969 年，热尔贝陪同一位伯爵来到教廷所在地罗马，觐见了教皇约翰八世和神圣罗马帝国皇帝奥托一世，他因数学才能出色受到赏识。那时候教皇由皇帝任命，而教皇主持皇帝的加冕礼。

热尔贝深得奥托一世的赏识，受聘为王子、未来的奥托二世的教师。后来有几任皇帝也很器重他，直到奥托三世任命热尔贝做了教皇（若不是奥托二世早逝，他可能会更早地成为教皇）。

据说，热尔贝从阿拉伯数学家花拉子密（Al-Khwarzmi，约783—850）的著作中学会了印度—阿拉伯数码，并率先把它引入西班牙以外的欧洲。他还把东方人发明的算盘重新介绍到欧洲，用来帮助计算。此外，他还制造出钟、管风琴和某些天文仪器。在热尔贝撰写的一部几何学著作里，他还解决了这样一个数学问题：已知直角三角形的斜边和面积，求出它的两条直角边。

这个问题在今天可以成为中学数学的考试题。设直角三角形的斜边长和面积分别是 c 和 S，要求的两条直角边长分别是 a 和 b。由三角形面积公式和勾股定理，不难知道它们满足下列二元二次方程组：

$$\frac{1}{2}ab = S,$$
$$a^2 + b^2 = c^2.$$

将第一个公式的 4 倍依次加到第二个公式两边，可得 $(a+b)^2 = c^2 + 4S$。两端开根号，即得

$$a+b = \sqrt{c^2 + 4S},$$

同理，用第一个公式的 4 倍去减第二个公式，可得 $(a-b)^2 = c^2 - 4S$。两端开根号，即得

$$a-b = \sqrt{c^2 - 4S},$$

由此不难得到，

$$a=\frac{\sqrt{c^2+4S}+\sqrt{c^2-4S}}{2}, \quad b=\frac{\sqrt{c^2+4S}-\sqrt{c^2-4S}}{2}.$$

依照 12 世纪一位英国教士撰写的书里的描述，热尔贝在西班牙期间，曾去文化中心科尔多瓦和塞尔维亚学习数学，有一次他还偷走了一本书，被发现后把书藏在一座木桥下面躲过了搜查。1003 年，在一次反对皇帝的平民叛乱期间，热尔贝死于罗马城，他的遗体下葬在今天梵蒂冈北面约 4 公里处的圣约翰·拉特兰教堂。可以说，热尔贝的出现是欧洲数学复兴的一丝曙光。在热尔贝身后一个多世纪，意大利诞生了历史上第一位大数学家斐波那契（Fibonacci，约 1175 — 1250）。

斐波那契

在数学史上，沿用至今的最早的递归数列出现在 13 世纪初，是由意大利数学家斐波那契发现和定义的。斐波那契出生于比萨，本名 Filius Bonacci，意为波那契的儿子。Fibonacci 这个缩写后的名字，是在 1838 年才由意大利人利布里[①]（Libri，1803 — 1869）给取的。利布里是一位伯爵和数学爱好家，因热爱古代珍贵手稿和窃书而闻名。

[①] 利布里担任法国图书馆巡查员期间，偷窃了大量古书，当被发现时，他逃往英国，携带着 18 个大箱子，里头装着三万本书和手稿。他在法国被缺席判处 10 年监禁；一些被盗的作品在他死后被追回，但仍有许多失散。

斐波那契塑像(1863,比萨营地)

不仅如此，斐波那契数列与毕达哥拉斯学派的黄金分割比也有着密切关系。简而言之，前一项与后一项的比值在项数趋向无穷时的极限为黄金分割比。这个序列除了在数论和许多其他数学分支中常常见到以外，在现代物理、准晶体结构和股票分析等领域都有直接的应用，还可以帮助解决诸如蜜蜂的繁殖、雏菊的花瓣排列、艺术美感和设计诸方面的问题。

斐波那契家境富裕，他的父亲是比萨共和国的政府官员，曾被派往布日伊（Bougie，今属阿尔及利亚）任商务代理。斐波那契童年时便跟随父亲到了北非，在那里学会了印度—阿拉伯数码。后来，他又随父亲到过埃及、叙利亚、拜占庭（麦加拉城邦来的希腊人建立的殖民地）、西西里和普罗旺斯等地，通过广泛深入的学习和研究，他掌握了数学尤其是计算方面的各种技巧。

12世纪末，斐波那契回到比萨，在那里度过了四分之一个世纪。他在故乡著书立说，并采用印度—阿拉伯数码书写，促进了这一数码体系在欧洲的普及。记数和计算则利用巴比伦人发明的60进制，同时他也把数学应用于商业活动的各个领域。斐波那契还阐述了许多代数和几何问题，其重要成果主要表现在不定分析和数论领域，远远超越了前人。

大约在1225年，斐波那契受到神圣罗马帝国皇帝腓特烈二世的召见，成为宫廷数学家。据说皇帝的随从向他提出数学问题，被他一一解答。这位皇帝喜欢打仗、美女，也热爱诗歌和数学，他是欧洲好多位名号为腓特烈二世的君主之一，虽说不是最有名的一个，但拥有多个国王头衔，按时间顺序分别为西西里国王（1197）、德意志国王（1212）、神圣罗马帝国皇帝

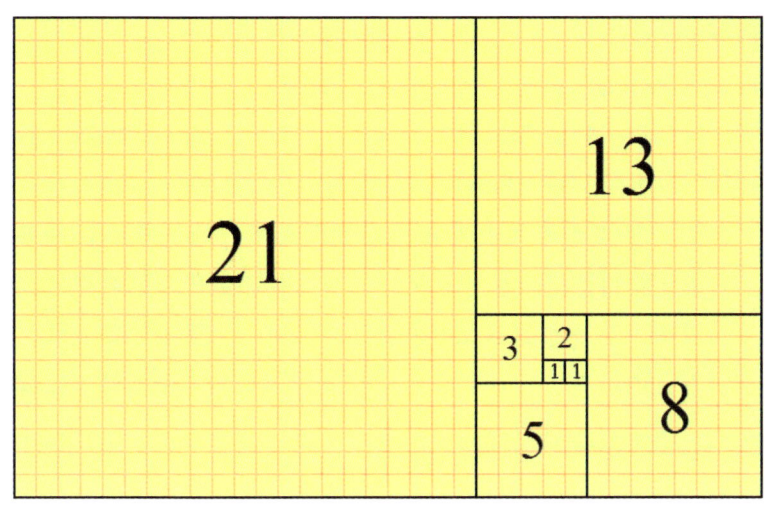

边长为斐波那契数的正方形折叠

（1220）和耶路撒冷国王（1229）。

腓特烈二世的宫殿自然也有许多处，个人猜测斐波那契是待在西西里王国，那是腓特烈二世度过童年的地方。虽说这位国王有着包括日耳曼等多个民族的血统，但他并不真正喜欢德意志。1224 年，腓特烈二世在西西里王国的都城那不勒斯创建了欧洲第一所国立大学（1978 年该校以腓特烈二世冠名），其最杰出的毕业生是哲学家托马斯·阿奎那（Thomas Aquinas，约 1225—1274）。事实上，那时在南部意大利，那不勒斯王国与西西里王国是合二为一的。

说到那位天主教世界最重要的哲学家托马斯·阿奎那，他比斐波那契要年轻一辈。1225 年，当斐波那契被国王腓特烈二世召见时，他出生在那不勒斯的洛卡塞卡城堡，那是他家族的领地。16 岁那年，他进入那不勒斯大学，后来在巴黎大学获得神学博士学位。阿奎那的代表作是《神学大全》，翔实地讨论了天主教的所有教义。此外，他还给出了上帝存在的五个证明。托马斯·阿奎那把理性引入神学，同时宣称："没有一种智慧可以不经由感觉而获得。"

至于斐波那契是否曾在那不勒斯逗留，我们就不得而知了。由于腓特烈二世忙于征战，并且与控制欲极强的教皇之间矛盾重重，斐波那契不大可能在这位国王的宫殿里停留太久。事实上，1240年，在他的故乡比萨留存下来的一份文件上这样写道：由于斐波那契曾向市民和官吏讲述计算方法，每年给予他薪水若干金币。换句话说，他有可能在故乡度过晚年并在那里去世。

斐波那契共有五部著作传世，包括《花》《平方数书》《算盘书》《实用几何》和《给帝国哲学家狄奥多鲁斯的一封未注明日期的信》。《花》是题献给腓特烈二世的，书中收入了宫廷里举行的数学竞赛问题。例如二次方程

$$x^2 \pm 5 = y^2$$

的解。他还证明了，三次方程

$$x^3 + 2x^2 + 10x - 20 = 0$$

既没有整数或有理数解，也没有欧几里得的无理量解，即用直尺和圆规作出的根。但他得到一个小数点后11位数的近似解，即 $x = 1.368\,808\,107\,85$，无人知道他是如何得到这个结果的。

值得一提的是，由于那个时代的欧洲代数尚没有符号化，斐波那契是用几何的语言来叙述的。例如，《平方数书》里有

讲到方程 $4x-x^2=3$，他是这样表述的：

如果用正方形的四条边减去它的面积，则得 3。

当然，斐波那契最著名的著作要数《算盘书》（1202）。此处算盘是指用以计算的沙盘，而非真的算盘。书中引进了分数中间的那条横杠"—"，这是迄今我们仍在使用的符号。还有类似于"百鸡问题"的不定方程，那应是受到中国古代数学的影响，这种影响可能是通过阿拉伯人的著作传递的。此外，他还讲述了求方根的方法和比例变换。不过，最有趣、最重要的还是"兔子问题"。

神性的兔子

所谓"百鸡问题"出现在中国南北朝时期北魏数学家张丘建（又叫张邱建）的著作《张丘建算经》中，该书大约成书于公元 466 — 485 之间，幸运地流传至今。其时北魏首都在平城（今山西大同），统治者是鲜卑族人。日本古都、6 世纪至 8 世纪的文化艺术中心平城京（今奈良）虽是仿长安而建，但其取名应与平城有关。

张丘建的家乡在清河县（今属河北邢台市），他的算经中最后一道题堪称亮点，通常被称为"百鸡问题"，民间则流传着县令以此考问神童的佳话。原文如下：

今有鸡翁一，直钱五；鸡母一，直钱三；鸡雏三，直钱一。凡百钱买鸡百只，问鸡翁、母、雏各几何？

意思是，公鸡每只五钱，母鸡每只三钱，而雏鸡三只才一钱。假设有一百钱，去买一百只鸡（钱必须用光），问需买多少只公鸡、母鸡和雏鸡？

设欲购买的公鸡、母鸡和雏鸡的数量分别是 x、y、z，此题相当于解下列方程组的正整数解

$$\begin{cases} x+y+z=100, \\ 5x+3y+z/3=100. \end{cases}$$

在张丘建时代，中国尚未引进字母，也没有未知数的概念，用文字叙述这样的方程组必定是很不容易的。可是，张丘建正确地给出了全部三组解答，即（4，18，78）、（8，11，81）和（12，4，84）。实际上，他通过消元法，把这两个三元一次方程化成一个二元一次方程，即

$$7x+4y=100.$$

再依次取 x 为 4 的倍数，即得上述三组解答。

而所谓"兔子问题"是这样的：由一对小兔开始，一年后可以繁殖成多少对兔子？其中规定：每对大兔每月能生产一对小兔，而每对小兔两个月大就成为可以繁殖的大兔。依据"兔子问题"，很容易得到所谓的斐波那契数或斐波那契数列，其前十项是：

1，1，2，3，5，8，13，21，34，55⋯

这个序列的递归公式（数学家发现和定义的第一个递归公式）是

$$F_1 = F_2 = 1, \quad F_n = F_{n-1} + F_{n-2} \ (n \geqslant 3)$$

有意思的是，这个数列的通项竟然含有无理数 $\sqrt{5}$。而前一项与后一项的比值依次是

1, 0.5, 0.666..., 0.6, 0.625, 0.615..., 0.619..., 0.617..., 0.618...

没错，这个数列存在极限，且这个极限值恰好就是美学中非常重要的黄金分割比。只是，直到四个世纪以后的 1611 年，这个极限值才由德国天文学家、数学家开普勒（Johannes Kepler，1571 — 1630）发现，他猜测这个极限就是古希腊的毕达哥拉斯学派定义的黄金分割比，即

$$\frac{F_n}{F_{n+1}} \to 0.618...$$

至于这个极限值的证明，一直到 19 世纪，才由法国数学家比奈（Jacqttes Binet，1786 — 1856）给出。

在作者所著《数之书》及《经典数论的若干问题》中、英文版中，序言的插图均严格依照斐波那契数排列，即第 1 页两幅插图，第 2、3、5、8 和 13 页各有一幅插图。在自然界中，斐波那契数列也有意想不到的呈现。以植物界为例，许多花朵的花瓣个数恰好是斐波那契数，例如，梅花 5 瓣、飞燕草 8 瓣、万寿菊 13 瓣、紫苑 21 瓣，而雏菊 34 瓣、55 瓣或 89 瓣的都有。

另外，有一个很有趣的爬楼梯的例子。假设你可以一步登

一个台阶,也可以一步登两个台阶。试问,攀登一个有 n 个台阶的楼梯有多少种方式?

设共有 a_n 种方式,易知 $a_1=1$,$a_2=2$。进一步分析:假设第一步登了一个台阶,则还有 a_{n-1} 种选择;而假设第一步登了两个台阶,则还有 a_{n-2} 种选择。这样一来,就得到

$$a_n = a_{n-2} + a_{n-1}$$

比较上式和斐波那契数列的定义及其初始值,即可得 $a_n = F_{n+1}$。

斐波那契数列有许多有趣的性质,它还有一些未解之谜。例如,

> 是否有无穷多个斐波那契数是素数?

1680 年,巴黎天文台台长卡西尼(Giovanni Cassini,1625—1712)发现了下列恒等式

$$F_{n-1}F_{n+1} - F_n^2 = (-1)^n \ (n \geq 1),$$

后来它被称作卡西尼恒等式。

1879 年,比利时出生的法国数学家卡塔兰(Eugène Catalan,1814—1894)将卡西尼恒等式推广为(卡塔兰恒等式)

$$F_n^2 - F_{n-r}F_{n+r} = (-1)^{n-r} F_r^2 \ (n > r \geq 1),$$

当 $r=1$ 时,此即为卡西尼恒等式。

正是卡塔兰,命名了斐波那契数列。

从斐波那契留下来的画像来看,他的神韵颇似晚他三个世

纪的同胞画家拉斐尔。斐波那契常常以旅行者自居，人们喜欢称他是"比萨的莱奥拉多"，而把《蒙娜·丽莎》的作者称为"芬奇的莱奥拉多"。我们可以说，斐波那契既是欧洲数学复兴的先锋，也是东西方数学交流的桥梁。

斐波那契肖像

1963年，世界各国一群热衷研究"兔子问题"的数学家成立了国际性的斐波那契协会，并着手在美国出版《斐波那契季刊》（*Fibonacci Quarterly*），专门刊登研究与斐波那契数列有关的数学论文。同时，又两年一度在世界各地轮流举办斐波那契数列及其应用国际会议。这在世界数学史上，也可谓是一个奇迹或神话了，堪称神性的兔子。

相比之下，"百鸡问题"只是一个孤立的初等数论问题，没有可持续研究的内容。不过，比斐波那契晚33年出生的中国南宋数学家秦九韶（1208 — 1268）却将4世纪《孙子算经》里的"物不知数"问题加以拓广，推导出了中国剩余定理。至今这个定理仍在许多数学领域有着广泛的应用，被东西方收录每一本初等数论教科书中，而按照国际惯例，它应该被称为秦九韶定理。

2 —— 阿尔贝蒂

布鲁内莱斯基

虽然有海桑这样的全才和斐波那契那样灵性的数学家,但在漫长的中世纪里,欧洲和地中海沿岸一带的数学进展缓慢,有时甚至停滞不前甚或倒退。不过,意大利的艺术家们却善于利用数学,尤其是几何学的知识和技巧,取得了世人瞩目的成就,在艺术史上留下浓重的一笔。这其中,最主要的方法有透视原理及其应用。

如图所示,这是文艺复兴时期德国最重要的画家丢勒(Albrecht Dürer, 1471 — 1528)的木刻《为躺着的妇人作画》,它告诉我们画家是如何作画的。右边是画家本人,左边是他的模特。画家在中间放置了一块玻璃屏板,上面描好方格子,同时他的画布上也用铅笔描好方格子。模特透过玻璃屏板,会有

丢勒作品《为躺着的妇人作画》

一个轮廓呈现。例如，鼻子在点 A 上，膝盖在点 B 上，而肚脐又在点 C 上。画家只需依样画葫芦，便又轻松又准确地把人物描绘到平面上。

这就是透视原理，但它不是丢勒的首创和发现。丢勒出生于纽伦堡，小时候在作坊里学习绘画，后来又拜名师学艺。从 18 岁开始，丢勒到处旅行，先是去尼德兰和瑞士，后来两次长期旅居意大利，既丰富了生活阅历，又学到了包括意大利画家的透视原理在内的绘画技巧。事实上，早在丢勒出生前半个多世纪，意大利就有一位艺术家致力于透视法的探索和实践。

大约在 1413 年，布鲁内莱斯基（Filippo Brunelleschi, 1377—1446）展示了后来的艺术家广泛使用的透视技法的几何原理。布鲁内莱斯基出生在佛罗伦萨，他的父亲是公证人，小时候他接受父母的安排，学习文学和数学，希冀子承父业，做一名公仆。后来他依照自己的意愿改行学做金匠和雕刻师，然而由于某种原

建筑师布鲁内莱斯基

因，在一次有把握获胜的雕刻竞赛中他没有成功，一气之下又改行从事建筑设计，那时候文艺复兴运动已经开始了。

布鲁内莱斯基最重要的作品是佛罗伦萨主教堂（1420—1436），迄今它仍是包括作者在内的各国游客的必到之地，也使得他成为文艺复兴时期意大利最重要的建筑师。正是在建筑生涯的初期，布鲁内莱斯基重新发现了原本为希腊人所知晓，后来

佛罗伦萨主教堂

却在欧洲中世纪失传的透视原理。据说他用两块描绘佛罗伦萨街道和建筑的油画证明了他的发现,可惜这两块画板现已遗失。

布鲁内莱斯基用来举证的两块画板上的油画主题是街道和建筑,从这一点来看,他重新发现的透视原理很可能是没影点。所谓没影点(vanishing point),是指三维空间里两条平行的直线其延长线在视觉印象里相交于无穷远点。举例来说,铁道线的两条铁轨向无限方向延伸时,在无穷远处是相交的。这一现象并不是孤立的,又如茶杯的杯沿通常是圆形的,但看起来却像是椭圆,无论我们站在近旁还是远处。

可以说布鲁内莱斯基创立了科学绘画,他的学生和后辈中,乌切洛(Uceello,1397—1475)、德拉·弗朗切斯卡(della Francesca,1416—1492)、马萨乔(Masaccio,1401—

1428？）都对透视学做出了重要贡献。马萨乔是第一个运用老师引入的透视法的画家，他的《纳税钱》比任何早期作品都更具有写实主义气息，同时表现出了距离感。16世纪的艺术史家瓦萨里（Giorgio Vasari，1511—1574）认为，马萨乔是第一个达到完全真实地描绘事物的艺术家。

从流传下来的作品来看，乌切洛并非最杰出的艺术家，他表现透视学方面的佳作随着时间的流逝被严重毁坏，已经无法复原了，不过仍然显示出景物的表面、线条和曲线的复杂性。他生前潜心研究透视学这门"十分可爱的学问"，常常在妻子的催促下才上床睡觉。瓦萨里记载："为了研究透视学中的没影点，他曾经通宵达旦。"

德拉·弗朗切斯卡使透视学变得成熟，他对几何学抱有极大的热情，每个位置都事先安排得非常精确，以保持与其他图形的比例关系，同时使整个作品的部分一体化。他喜欢弯曲光滑的曲面和完整性，甚至对人物身体的每个部位及服饰都运用了几何形式。他的作品《耶稣复活》和《鞭笞》是透视学的两幅佳作，同时也是艺术史上的珍品。

假如你有机会欣赏到古典油画，画中有家具或天花板的话，那一定是有平行线的。你将会发现，把每组相互平行的线各自朝一个方向延长，都会相交于同一点。如图所示，黄色的平行线即是延长线，它们相交于同一点，这样的家具符合原理和

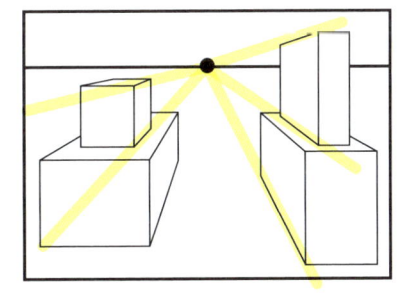

没影点的例子

审美。画成之后，我们可以放心地擦去黄线和交点，那也正是 vanish 这个动词的原意，即"消失"。

又如下面这幅摄影作品《红色的拖车》，是作者在西班牙塞戈维亚乡村拍摄的。那时麦收季节已过，拖拉机开走了，只剩下拖车，天空有大片的乌云，很像一幅油画。如果仔细观察拖车的边栏，我们会发现，相互平行的上沿和下沿（均为直线）的延长线刚好相交于远处那棵无名树。值得一提的是，这组平行线并非顺着我们的视线，而是倾斜的。

《红色的拖车》。作者摄于西班牙

阿尔贝蒂

在布鲁内莱斯基 27 岁那年，另一位杰出的意大利建筑师阿尔贝蒂（Leone Alberti，1404—1472）出生于热那亚，比同城出生的航海家克里斯托弗·哥伦布早了将近半个世纪。阿尔贝蒂是佛罗伦萨一位银行家的私生子,自小他就跟着父亲学习数学,后曾在帕多瓦念书,再到博洛尼亚大学深造,获得法学博士学位。之后,他随一位红衣主教游历了法国、比利时和德国,1432年定居罗马,担任教皇的秘书。

阿尔贝蒂多才多艺,他曾用拉丁文创作喜剧,在他的文艺著作《论绘画》中,首次引入了投影线

文艺复兴人阿尔贝蒂

和截景等概念,阐明了从三维物体到平面画布的透视原理。阿尔贝蒂也是文艺复兴时期最伟大的建筑理论家,著有十卷本的《论建筑》,此书用拉丁文写成。他认为建筑必须实用、经济、美观,尤以前两者为先决条件。在阿尔贝蒂看来,建筑物的美是客观存在的,美就是和谐和完整。

阿尔贝蒂还从人文主义出发,用人体的比例来解释古典柱式。他像哲学家一样提出他的思考:"一个人只要想做,他就能做成任何事情。""我希望画家通晓全部自由艺术,但我首先希望他们精通几何学。""借助数学的工具,自然界将显得更为迷人。"不过,《论建筑》要等到阿尔贝蒂身后13年才得以出版。5个多世纪过去了,他留下的建筑仍有佛罗伦萨的鲁奇拉府邸、新玛利亚教堂,里米尼的圣弗朗西斯科教堂,曼图亚的圣安德烈亚教堂等,其风格雄伟有力。

说一说阿尔贝蒂的建筑风格。在他之前,布鲁内莱斯基继承了古希腊的遗风,通过柱子或半柱奠定了古典建筑的风范,尤

以佛罗伦萨主教堂和帕齐小教堂为代表。按照20世纪英国艺术史家贡布里希爵士的说法，阿尔贝蒂创造了一种个人私宅的建筑风格，其影响一直延续至今。他选择了偏平的壁柱和檐部，像网络一样覆盖在建筑的立面。这样一来，在保留古典柱式的同时，又不改变建筑的结构，从而赋予城市邸宅以现代的形式。

说到《论建筑》，公元前1世纪的罗马建筑师马可·维特鲁威（Marcus Vitruvius）也写过十卷本的《建筑学》，书中记载了古希腊数学家阿基米德测定希罗王金王冠真假的故事。阿基米德在洗澡时发现浮力定律，同时也揭示了王冠的真假之谜。1487年前后，达·芬奇也曾画过一幅著名的素描——《维特鲁威人》，那是素描教科书中不可或缺的。画家依据《建筑学》中的描述，努力绘出比例最完美的男子人体。

值得一提的是，意大利历史上还有一位音乐家阿尔贝蒂（Domenico Alberti，1710—1740），比艺术家阿尔贝蒂要晚3个世纪。音乐家阿尔贝蒂出生于威尼斯，同样卒于罗马。他虽然只活了30年，却在音乐史上留名。这主要是由于他写的奏鸣曲，有14部流传至今，其中左手部分惯用分解和弦音型作为伴奏，被后人称为"阿尔贝蒂低音"。

阿尔贝蒂曾宣称，一幅画就是投射线的一个截景。他画过这样一幅素描：右边是（画家的）眼睛，左边是要画的景物，犹如杭州西湖三潭印月的一座石塔（相传是北宋大诗人苏东坡疏浚西湖时的创意，现有的石塔系明代重建）。画家在他和景物之间放置了一块画好方格子的玻璃屏板，然后模仿景物在玻璃屏板上的投影或轮廓，在同样画有方格子的画布上描绘下来。换句话说，丢勒的方法是从前辈阿尔贝蒂那儿学到的。

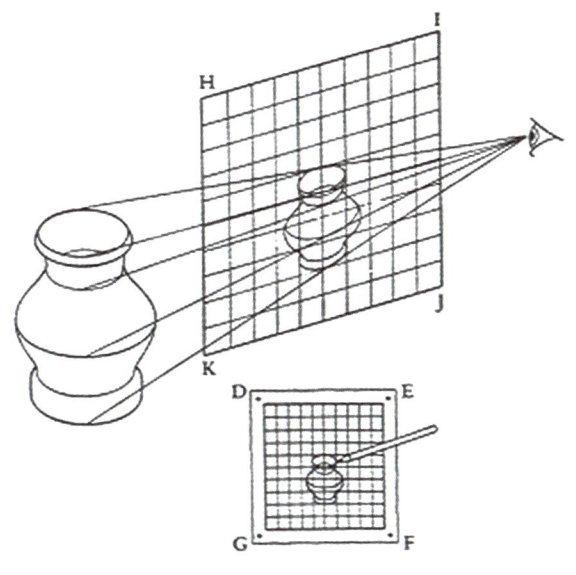

阿尔贝蒂的透视法

很明显,这种利用截景的透视方法在阿尔贝蒂时代已经很流行了。难得的是,阿尔贝蒂从中提出了一个数学问题:假如把玻璃屏板平行移动,那么得到的截景或轮廓与原先的十分相似。他问:两者之间的数学关系是什么?比起欧几里得几何学中相似三角形的关系,这个问题可要复杂和困难许多,难怪那个时代全欧洲的艺术家和数学家都回答不出来。

没影点和透视理论

透视不仅是一种表现深度的方式,也是一种新的构图方法。绘画因此开始呈现统一有序的场景,而不是多个场景的无序拼合。没影点的出现，为不同场景的表现提供了很好的科学依据和方法。文艺复兴以来，透视法经过历代艺术家的探索，逐渐变得多种多样。透视按没影点的多少，大致可分为一点透视、二点透视、三点透视、四点透视和零点透视。

一点透视（one-point perspective）只包含一个消失在地平线的点。例如，通向远方的街道、走廊、无穷无尽延伸的铁轨，以及一些建筑物。这样的效果是，让画面直接面对观众。任何由与观察者的视线平行或垂直的物体（如《红色的拖车》）构成的画面，都可以用一点透视来表现。其结果是，所有的平行线会在地平线的一个点（没影点）会聚。

二点透视（two-point perspective）包含了两个消失在地平线上的点。例如，45度角或任何斜角呈现的建筑物，分别沿两组斜平行线延伸至远方会聚。换句话说，一个没影点代表一组平行线，另一个没影点代表另一组平行线。或者可以这么说：房子的一堵墙会向一个没影点退去，另一堵墙则向相反的一个没影点退去。

三点透视（three-point perspective）包含了三个没影点。画面除了两个消失在地平线的以外，还有一个要么消失在天空，

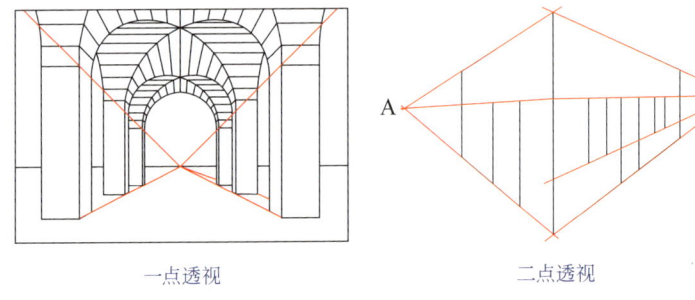

一点透视　　　　　　　二点透视

要么消失在地下。这个取决于观察者的位置。例如，一幢高楼会有许多垂直的平行线。如果观察者是从地面往上看，那么这组平行线将会聚在天空；而如果从建筑物顶端看下去，或从附近更高的建筑物去看，那这组平行线将会聚在地面甚或地面以下。

一点、二点和三点透视取决于正在观看的场景的结构，这些透视也存在于笛卡尔坐标系中。而四点透视（four-point perspective）是二点透视法的曲线变种，它可以是360度全景，甚至超过360度来描绘不可能的场景，这种情况可以说是虫眼（worm's-eye）或鸟瞰图（bird's-eye）。通过插入一组不同于三条坐标轴的任何一条平行线，就能创建一个新的没影点，那样的话，四点透视就出现了。同样，也存在五点透视和六点透视。

没影区域（vanishing area）。有些复杂的场景需要多种没影点，那种情况下，既有正面垂直的平行线组相交于主没影点（principal vanishing point），又有两旁45度角的两组平行线，分别相交于左右的两个对角没影点（diagonal vanishing point）。进一步，主没影点和两个对角没影点三点位于同一条直线上，那条直线被称为水平线。

零点透视（zero-point perspective），如果观察者看不到任何平行线，即看到的是非线性场景，那就是零点透视，那样的话没影点就不存在了。最典型的例子是自然风景，例如山脉，但它仍然是可以绘制的，虽说深度感不容易表现。另一方面，平行投影（例如仰角）可以通过从很远的地方观看所涉及的物体来达到近似效果。那样一来，任何给定的小对象在所述场景中就可模仿平行投影的轮廓。

而就西方人的油画来说,任何规律也都不是一成不变的。20世纪西班牙画家毕加索的立体主义作品就是把一个物体的正面、反面,看得见和看不见的全都表现在一个二维的平面上。可以说他抛弃了传统的透视学,建立了自己的新规则。与毕加索同时代的法国画家马蒂斯(Henry Matisse,1869—1954)是野兽派的代表人物,在他的一些作品里,立体的轮廓消失了,垂直的墙壁与水平的桌面可以融为一体。

比毕加索稍晚的比利时画家勒内·马格利特(Rene Magritte,1898—1967)是一位超现实主义者,他的作品常常赋予我们平常熟悉的物体一种崭新的寓意,或者将不相干的事物扭结在一起,给人一种荒诞、幽默的感觉和启示。在《欧几里得的漫步处》中,右边的街道垂直于画面,越往远处两端越接近,最后变成了一个点,长方形变成了等腰三角形。这是没影点的应用。而左侧水塔的塔尖是个圆锥,依照初等几何学的三视图原理,圆锥的主视图和侧视图均为等腰三角形。这两个三角形几乎全等,诱发了观众的好奇心和

马格利特作品《欧几里得的漫步处》

想象力。

1987年，比利时拍摄了一部短电影《没影点》，可谓是马格利特式的幽默片。片中女教师在讲述文艺复兴时期发明的透视原理时，底下的同学们一丝不挂。随后，女教师被同学们要求脱光衣服。犹豫片刻以后，老师同意自我牺牲。结果在她脱光衣服后转身看黑板时，底下同学们迅速把衣服全部穿了起来。老师一转身大惊失色，这时候敲门声突然响起，同学们异口同声地说："come in ..."。

中国画里的透视

所谓透视，是指通过一块透明的平面去看景物，再把所看到的景物准确描画在平面的画布或纸上，用线与线的位置关系来展示物体的空间位置的方法。在西方绘画中，每一幅作品，大至建筑，小至日常器皿，都运用了透视原理。反观中国画，并不遵循严格的透视规律，经常类似于多镜头分割组合，比如北宋画家张择端的《清明上河图》（现藏于故宫博物院），就是由无数小镜头组成的。

不仅如此，中国古代画家们还采用"远大近小"的方法，这与西方绘画里的"远小近大"恰好相反。唐代画家阎立本的《十八学士图》（现藏于台北故宫博物院）、南唐画家顾闳中的《韩熙载夜宴图》、宋代苏汉臣的《妆靓仕女图》、明代画家仇英的《竹院品古图》（以上三幅现藏于故宫博物院），我们看到的桌子或茶几都是远大近小，不成比例。即便是《清明上河图》，瓦片的屋顶同样也是远大近小。

张择端《清明上河图》(局部),现藏于故宫博物院

倘若要问为什么,《芥子园画谱》给出了一种答案。在中国绘画史上,《芥子园画谱》流传甚广,影响了一代又一代画家,近现代大画家如黄宾虹、齐白石、潘天寿、傅抱石等,都把《芥子园画谱》作为学习的范本。这部书自出版三个多世纪以来不断拓展,称得上是中国绘画的经典著作。在第四卷,"几席屏榻诸式"里有一段话,直接告诉我们,为什么在传统绘画里,器皿、家具等物体都是以近小远大的方式进行描绘。

书中是这么说的:"既画亭榭,安得使之空洞无物?必

须几可凭可借。画此等物，固不可太工，工则俗。"意思是，从中国古代的审美情趣来看，画家具，画席子，画屏风，画器皿，如果"太工"，用透视那样的手法来画，就俗了，就不雅致，不美了。于是，我们看到了与西方透视绘画完全相反的画面效果。

我以为，"远大近小"或许是以画家个人为中心向远处看的一种水波形的扩散效果，与画中的那些桌子、凳子、瓦片、床榻等，仿佛是一个个同心圆弧的合成。从某种意义上讲，这

阎立本《十八学士图》(局部),现藏于台北故宫博物院

个技法也符合佛教"唯我独尊"的思维方式。当然,因为人有两只眼睛,水波并非由一块石头激起,因而"远大近小"的方式也各式各样。

"芥子园"是清初名士、浙江兰溪人李渔(出生在江苏如皋)在南京的别墅。他的女婿沈心友家中,藏有明代山水画家李流芳的课徒稿43幅,遂请嘉兴籍画家王概整理增编90幅,增至133幅,并附临摹古人各式山水画40幅,为初学者作楷范。因得李渔资助,于康熙十八年(1679)套版精刻成书,即以"芥子园"名义出版。这就是《芥子园画谱》第一集。

之后,王概又受沈心友之托,与他的胞兄王蓍、胞弟王臬一起,共同编绘了"兰竹梅菊"与"花卉翎毛"谱,于是有了《芥子园画谱》第二集和第三集。那是在康熙四十年(1701),用开化纸木刻五色套版印成,世称"王概本"。在当时印刷质量较为精致,但印数很少,只印了几百部。

《芥子园画谱》后来一再翻版,到光绪年间,已磨损得不能再印。于是,有一个叫巢勋的画家,也是嘉兴人,临摹了前三集,并增编一批上海名家画作,同时编绘了一干人物,此即第四集。全部四集于1897年由上海有正书局以石印法影印出版,世称"巢勋本"。这套《芥子园画谱》虽是黑白版本,但比"康熙版"丰富许多。对上述问题的解答,正是出自"巢勋本"第四集。

3 —— 达·芬奇与丢勒

透视的几何学

文艺复兴时期的画家们之所以对数学有如此广泛的兴趣，原因应该是多方面的。首先，绘画是把三维空间的人物或客观事物表现在二维的平面上，无论如何这都与几何学有关。艺术家要创作逼真的作品，除了颜色、形态和意图，他或她面对的对象本身是有一定空间的几何形体。具体来说，画家要考虑理想的比例，描绘它们在空间中相互的位置关系，这就需要用到欧氏几何。

其次，文艺复兴时期的画家们都受到了希腊哲学的影响，他们熟悉并满脑子充斥这样的信念：万物皆数；数学是真实的现实世界的本质，宇宙是有秩序的，并能按照几何方式明确地理性化，终极真理的表达方式就是数学的形式。因此，艺术家像希腊哲学家一样，认为要透过现象认识本质，需要在画布上真实地展示题材的现实性，他们最后面临和解决的问题必定归结为一定的数学内容。

再次，中世纪晚期和文艺复兴时期的艺术家，往往也是那个时代的建筑师和工程师，因此必然需要数学、爱好数学。那时候的商人、王侯和教会纷纷把建筑问题交给艺术家，让他们设计建造教堂、修道院、皇宫、医院、桥梁、水闸、堡垒、运河、城墙、战争器械，等等。在达·芬奇的笔记本里，可以找到大量诸如此类的设计图纸。因此，文艺复兴时期的艺术家既是博学的纯粹数学家，也是优秀的应用数学家。

值得一提的是，"文艺复兴"的意大利文 Rinascimento 是由 ri（重新）和 nascere（出生）构成的，意为"再生""复活"。经过漫长的中世纪"黑暗时代"之后，意大利各个城邦崛起，市民和世俗知识分子（非经院哲学的教士）越来越厌恶天主教的神权和禁欲主义，可是由于本身没有成熟的文化体系可以与之相抗衡，于是借助复兴古希腊和古罗马的文化形式来表达自己的诉求。它不仅是古典的复兴，也是资产阶级的新文化运动。在这场主要由艺术来呈现的复兴运动中，数学起到了非常重要的作用，以至于克莱因称文艺复兴是"数学精神的复兴"。

然而，终要有特殊的数学问题作为中介，让那些有天赋的艺术家探讨和研究，发挥他们的才智。这个问题非透视莫属，即如何在二维的画布上展现现实世界的三维景物？为此，几代艺术家经过共同的努力，创建了一整套全新的数学透视理论体系，从而建立起一种崭新的绘画风格，并把古典绘画带到一个空前的新的高度。

在西方绘画史上，各种透视体系大致可以分成两大类，即概念体系和光学体系。光学体系即前文阐释的透视原理和没影点理论，而概念体系是指按照某种观念或法则去描绘人物或物体，与实际的景物本身几乎没有什么关系。例如，在古埃及的绘画中，人物的大小经常依据他们在政治或宗教阶层中的地位而定。在这些作品中，法老的尺寸是最大的，其次是他的妻子，大臣就更小了，但仍比仆人要大。

在东方，例如中国画和日本画，也基本上是遵从概念体系进行创作的，没有引入透视的原理或数学的方法。而在现代绘画作品中，概念体系也经常出现，有的甚至成为表达的方式。超现实主义画家马格利特认为：一个事物恰恰为它经常出现的样子所遮蔽。他采取的方法之一是：改变对象的尺度、位置或质地，创造出一种不协调。下面，我们举几个他的作品为例。

在《收听室》（1962）中，一个苹果占据了整个房间。在《大餐盘》（1963）中，一个巨大的餐盘出现在海边。《单人房间》更离奇，艺术家把衣橱、床、头梳、酒杯、铅笔、胡子刷等毫无比例地堆放在一起，而墙壁则是蓝天白云。2018年秋天，作者在旧金山街头看到，城市旅游大巴上画着《单人房间》。而在写于1988年的拙作《村姑在有篷盖的拖拉机里远去》中，篷盖、麦田、围巾、脚丫在瞬间改变了尺度，犹如电影里的蒙太奇镜头：

村姑在有篷盖的拖拉机里远去

我在乡村大路上行走
一辆拖拉机从身后驶过
我悠然回眸的瞬间
与村姑的目光遽然相遇

在迅即逝去的轰鸣声中
矩形的篷盖蓦然变大
它将路边的麦田挤缩到
我无限扩张的视域一隅

马格利特作品《单人房间》

《单人房间》出现在旧金山旅游巴士上。作者摄

第二章　文艺复兴时期的绘画与几何

而她的围巾飘扬如一面旗帜

她那硕大无朋的脚丫

从米罗的画笔下不断生长

一直到我伸手可触

这首诗末节也是对第一章所介绍的希腊艺术"前缩法"的一个注记或说明。只不过在写作时,作者对此方法并未知晓。

虽说古希腊和古罗马的绘画主要遵从光学体系原理。但是,天主教的神秘主义却又使得艺术家回到了概念体系,因为他们满足于描绘象征性的内容。换句话说,他们的绘画主题和背景倾向于表现宗教题材。因此,绘画表现的是宗教情感,而不是现实生活中的人和世界。这种风格在中世纪十分流行,持续了一千多年。特点是画面呆板生硬、毫无生气,背景通常是金黄色的,为了强调宗教主题而与现实世界没有关联,更谈不上有任何空间关系。

文艺复兴的典型特点是,艺术家们朝向写实主义方向前进,在这个过程中数学开始进入艺术领域,引入了第三维,这只能通过光学系统的表达才能得到。从此以后,艺术家们就可以在绘画中处理空间、体积、距离、质量等的视觉印象。与此同时,现实中活生生的人成为宗教题材的主题,画面按照实际构图,富有生机。13世纪,意大利终于诞生了近代绘画之父乔托。"从此以后,艺术史就成了艺术家的历史。"

在达·芬奇和丢勒出场以前,先要提及一位稍微年长的画家,那就是波提切利(Botticelli,1445—1510),他因为《维纳斯的诞生》和《春》这两幅大型作品闻名于世。虽然不合比例的夸张说明写实主义并非目的，但仍然很好地利用了精确的透视法。作者于 20 世纪末造访佛罗伦萨时，有幸在乌菲奇美术馆欣赏了这两幅作品，后者的每一个次要人物都比前者的出色，唯独维纳斯略为逊色，这几乎毁了整幅作品。

达·芬奇

1452 年 4 月 15 日，正当阿尔贝蒂完成了他的力作《论建筑》时，达·芬奇出生在佛罗伦萨附近的小镇芬奇。但那是儒略历，即罗马独裁官尤利乌斯·恺撒在公元前 45 年元旦颁布实施的日历，儒略是尤利乌斯的另一种翻译。1582 年，教皇格里高利十三世依据医生兼哲学家里利乌斯（Lilius）的建议，开始执行如今我们使用的公历。

达·芬奇自画像（1516—1518）

换算过来，达·芬奇的生日刚好是公历 1452 年 4 月 23 日，正是英国大文豪莎士比亚的疑似生日，也是莎士比亚与西班牙大文豪塞万提斯共同的忌日。之所以说是疑似生日，是因为莎士比亚的洗礼日记载为 4 月 26 日，而按照他故乡的传统，一般是出生后三日之内洗礼，因此人们有意无意地把他的生日算到他的忌日。1995 年，联合国教科文组织将每年的 4 月 23 日确定为世界图书与版权日,简称为世界读书日。

与阿尔贝蒂一样,达·芬奇也是个私生子,他的父亲是一位公证人和地主,母亲是个农妇。父亲结了三四次婚以后,才有了正式的孩子,那时达·芬奇已经 24 岁了。他自小就在父亲家中长大,虽然被视为嫡出,仍然受到社会的歧视,他只接受了初等的教育,尚没有机会学习拉丁语。15 岁前后,他被送到佛罗伦萨一个私人工作室做学徒,学习绘画、雕刻和机械工艺。

30 岁那年,达·芬奇去了米兰,为大公效力。这是他人生迈出的重要一步,他在米兰一共待了 17 年。达·芬奇认真阅读了前辈艺术家写的书籍和文章,包括阿尔贝蒂的《论建筑》、德拉·弗朗西斯卡的《绘画透视学》。他还自学了高等数学和算术,并对几何学做了一番研究。他那著名的素描《维特鲁威人》就是在米兰完成的,被认为是比例和黄金分割比的典范。

在这样的环境下,达·芬奇开始萌生"绘画科学"的概念,并希冀撰写自己的艺术理论。他要观察用肉眼可以看见的世界中的一切事物,辨认其结构和形式,并按照其本来面目用图像手段加以描绘。也是在米兰期间,他在圣玛丽慈悲教堂里,完成了壁画《最后的晚餐》(1495 — 1497)。20 世纪末,我有幸在米兰欣赏了这幅名画,它位于破旧不堪的多明我修道院的餐厅里,这幅画让米兰生辉。

记忆里修道院的门口排着长队,为了看这一幅壁画,门票比看一整座巴黎卢浮宫还昂贵,后者收藏了达·芬奇的另一幅名画《蒙娜·丽莎》。参观者每 20 人编成一组,每组只能在里面停留 15 分钟,我非常幸运,在下班前刚好轮到,后面的人只好改天再来了。这是一座长方形的餐厅,《最后的晚餐》差不

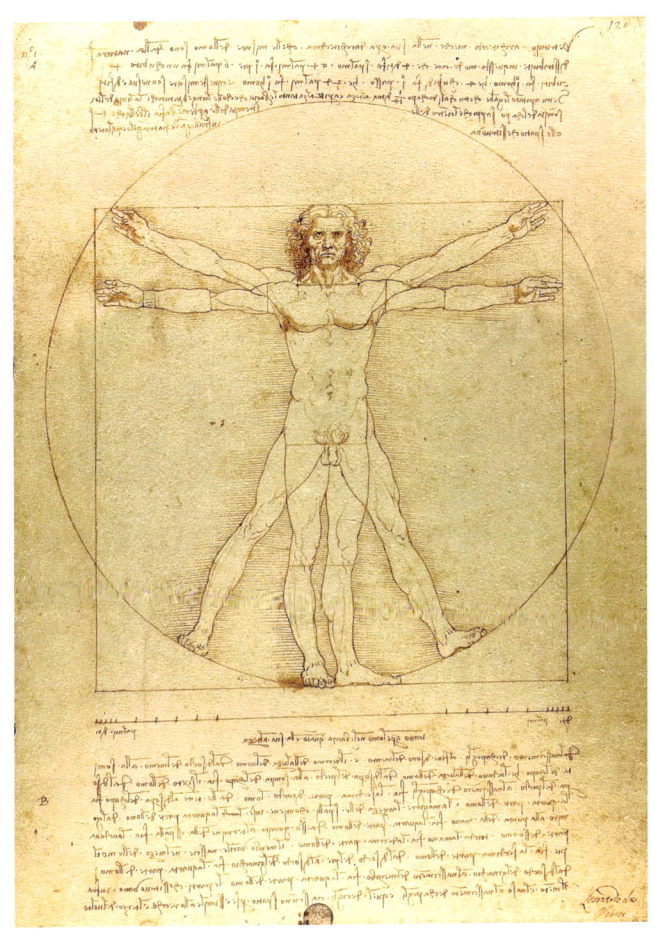

达·芬奇素描《维特鲁威人》(1510)

多占满了较窄的那面墙，画中12个门徒分成3组，每组4人。

据说此画描绘了基督说完"你们中间有人出卖了我"这句话时众门徒的表情，其中犹大是唯一脸部阴暗的一位。我们不由得想起西方人把13视作不吉祥的数字，或许也与这件事有关。我注意到对面的墙壁上还有一幅画，画面大小一样，是同时代的一位无名小卒所作，观众往往会不经意地瞄上几秒钟，作为眼睛和思想的一种休息。那情景使我想到，美女常常会有长相平平的女友陪伴。

达·芬奇在米兰结交的一个好朋友是波提切利的同龄人、数学家帕西奥利（Luca Pacioli，1445—1517）。帕西奥利比达·芬奇大七岁，出生在佛罗伦萨东南 80 公里处的一座小镇，是德拉·弗朗切斯卡的同乡。后者比帕西奥利年长 30 岁，艺术史家推测，帕西奥利曾向这位同乡学习几何学和透视原理。不仅如此，弗朗切斯卡所作的圣方济各画像，疑似以年轻的帕西奥利为模特。

帕西奥利 25 岁那年来到罗马，在阿尔贝蒂的工作室学习。后来，他旅行了不少地方，讲授数学和军事科学。直到有一年，他被与他同龄的米兰大公卢多维科·斯福尔扎（Ludovico Sforza，1452—1508）雇用。这位新雇主地位显赫，极力庇护艺术家和科学家，甚至在佛罗伦萨的梅第奇家族也向其示好，于 1482 年派遣精通音乐的达·芬奇携带竖琴作为礼物前来觐见，大公将达·芬奇留了下来。帕西奥利到来时，达·芬奇正在为大公家族的圣玛丽慈悲修道院绘制壁画《最后的晚餐》。

1494 年，帕西奥利发表了《论算术几何的比例及比

"会计学之父" 帕西奥利胸像

例谐和》，书中提出了复式记账法，他因此被认为是"会计学之父"。1497年，他又出版了《神圣比例论》，谈及黄金分割比在数学和包括建筑在内的艺术中的重要性。达·芬奇向帕西奥利学习几何学和透视原理，他也为他的朋友画了许多人体插图。同样，帕西奥利也是达·芬奇的欣赏者。达·芬奇甚至在《绘画专论》里这样写道："欣赏我作品的人，没有一个不是数学家。"他坚持认为，绘画的目的是再现世界，而绘画的价值在于精确地再现。

达·芬奇认为，绘画是一门科学，它像所有其他科学一样，以数学为基础，"人类的任何探究活动都不能称为科学，除非这种活动可以通过数学表达出来或利用数学证明来开通自己的道路"。卡尔·马克思后来也表达过类似的意思，但无疑达·芬奇是最早阐明这一点的，他鄙视那些轻视理论而声称仅仅依靠实践就可以创作艺术的人，而将透视学视作绘画的"舵轮与准绳"。

1500年，在米兰城被法国人攻陷三个月以后，达·芬奇在好友帕西奥利陪同下离开。他们在曼图亚和威尼斯稍作停留，然后返回了佛罗伦萨。数学研究似乎占据了达·芬奇的多数时间，他还研究解剖学、物理学和化学，绘画被他暂时丢开了。达·芬奇曾给出毕达哥拉斯定理的一个新的证明，但并不那样简洁。有时，他也有深刻的观察，例如，他曾在笔记本上偷偷写道："太阳是不动的！"这意味着他对托勒密发展完成的"地心说"的质疑。

大约3年以后，达·芬奇又潜心于画画，他在故乡缓慢地完成了杰作《蒙娜丽莎》（1503—1517）。人物原型恐怕已是千古之谜,有人说是米兰大公的女儿,也有人说是佛罗伦萨一位官员的第三任太太。之后他一直把此画带在身边,直到在暮年接受法兰西国王弗兰西斯一世的邀请,成为国王的"首席画师、建筑师和机械师"。他在法国卢瓦尔河畔的昂布瓦斯度过了生命中最后三年,《蒙娜丽莎》一直挂在他的卧室里。如今,她已成为巴黎卢浮尔宫的镇馆之宝。

达·芬奇在数学方面富有远见卓识,可谓是柏拉图主义的忠实信徒,但他的数学研究尚停留在业余水平,尽管爱因斯坦对他的多才多艺给予高度评价。英国科学史家李约瑟在评价中国古代科学水平时,也似乎暗示了这一点,他声称:"可以肯定的是,中国(古代)科学所达到的境界是达·芬奇式的,而不是伽利略式的。"

值得一提的是,达·芬奇的个人生活一直是个谜。从16世纪开始人们就有各种臆测,20世纪以来,随着弗洛伊德学说的兴起,有关他是同性恋的推测不时浮现。事实上,陪同达·芬奇暮年去法国度过余生的是一位出身高贵的年轻伯爵梅尔齐(Melzi)。梅尔齐是达·芬奇最喜欢的学生,在艺术家去世以后继承了他的艺术和科学作品、手稿和收藏,并管理了他的遗产。

1519年5月2日,67岁的达·芬奇在法国逝世,死因可能是中风,临终之际请来一位牧师为他忏悔。按照瓦萨里的描述,画家死后,国王把他的头抱在自己的怀里。按照达·芬奇的意愿,60个拿着锥子的乞丐列队跟随他的棺材。除了梅尔齐,画家还把他的葡萄园分赠给另一个学生和他的仆人。他的兄弟们得到了土地,侍女得到了毛皮大衣。同年8月12日,达·芬奇的遗体被安葬在安布瓦兹酒庄的圣佛罗伦萨学院教堂。

丢勒

在达·芬奇之后,意大利的其他画家和建筑师也对数学有着浓郁的兴趣,包括与达·芬奇合称为"文艺复兴绘画三杰"的米开朗琪罗和拉斐尔。他们力图把数学应用于艺术,除了透视法,还利用高超而惊人的技巧掌握、发展了古希腊人创立的前缩法。在这些后辈艺术家中,将数学与艺术结合得最为出色的,当数前文已提及的德国画家丢勒。

丢勒作品《自画像》(1510)

丢勒的故乡纽伦堡在德国的巴伐利亚,他的父亲是个成功的首饰匠,出生在匈牙利东南靠近罗马尼亚边境的久洛(Gyula)附近,28 岁那年移居纽伦堡。丢勒的姓氏 Ajtos 原本对应于德语里的 Turer,按照纽伦堡人的发音习惯,才改为 Dürer。起初,家人也是想把他培养成家族的继承人,但他在作坊学会了绘画,并在 13 岁时照着镜子逼真地画出自己的肖像画[1]。

---

[1] 丢勒后来还画了手持蓟花的自画像、风景自画像、穿皮装的自画像(见插图)等,享有"自画像之父"的美称。

丢勒请求父亲让自己学画，结果父亲答应了，他的一个兄弟继承了家业。父亲送丢勒进了当地一家画室，三年学徒期间，他学到了各种绘画技巧，尤其是木刻插图和铜版技巧，之前他的同胞谷登堡发明了活字印刷。出师以后，丢勒走出画室，漫游了4年，沿着莱茵河到达法兰克福、科隆和巴塞尔，并远至尼德兰（荷兰）。23岁那年，他与故乡一位音乐家的女儿阿格列萨结了婚，那年他曾为新娘画过一幅素描。

丢勒第一件伟大的作品是《启示录》，这是由14幅版画组成的杰作。《启示录》是《圣经》里最后一篇充满恐怖奇想的经文，告诫信徒若不笃信基督，将会遭受惩罚。其中最有代表性的一幅是《四骑士》，骑士们或拉弓射箭或举剑挥砍，举起的空天平象征饥饿，而枯瘦的老人代表死亡，胯下的战马正无情地践踏倒下的人群。这是当时德国真实生活的反映，正是在这种历史气候下，16世纪初马丁·路德开始了宗教改革。

之后又有12年时间，丢勒携家侨居国外，在此期间两次在意大利长住。从意大利画家那里，他学到了透视法并进行了一番研究，创作了多幅木刻来说明如何利用截景绘画。除了上一节介绍的《为躺着的妇人作画》，还有《为坐着的男子画像》，以及《画罐》《画琵琶》等。后来，他把意大利人的发明带回德国，使之流行于欧洲的北方。

为此，丢勒撰写了一本广为流传的小册子《直尺圆规测量法》。这本书是关于几何学的，但也谈到了透视法。他认为，创作一幅画的透视基础不是信手涂画，而应该依据数学原理构图。在丢勒的影响下，18世纪初的英国数学家泰勒（以发明泰勒公式和泰勒级数闻名）、法国数学家兰伯特（证明圆周率是无理数)都撰写过透视学的权威著作。

1505年,丢勒再次来到意大利,这次他不仅是为了学习取经,也是为他的作品被人抄袭讨个公道。74岁高龄的威尼斯画派领袖贝里尼(提香的老师)接见了他,询问能否向这位比自己年轻40岁的德国才俊要一支他用过的画笔。在那个年代艺术家还带有手工特技和师徒传艺的风俗,画家自制的绘画工具和材料常常带有保密的性质,就像达·芬奇用左手反写"反字"的笔记本一样。

原来,贝里尼(Giovanni Bellini,1430—1516)见到丢勒画的人物须发特别纤细流畅,故而认为他一定有特殊的画笔。没想到丢勒拿出一大把很普通的画笔,让老画家随意挑,并当场画出"一缕柔软纤细波浪式的女性秀发"。事实上,丢勒本人的自画像里也有卷曲优雅的头发。目睹此情此景,贝里尼大为赞叹,出高价购买丢勒的画作,这等于帮丢勒做了很大的宣传广告。

丢勒可能是文艺复兴时期所有艺术家中数学造诣最深的人。在《直尺圆规测量法》一书中,他谈到了空间曲线及其在平面上的投影,还介绍了外摆线,即一个圆滚动时圆周上一点的轨迹。更有甚者,丢勒考虑到了曲线或人影在两个或三个相互垂直的平面上的正交投影,这个想法极其前卫,直到18世纪才由法国数学家蒙日发展出一门数学分支,叫画法几何,蒙日以此在数学史上奠定地位。

1514年5月17日,丢勒深爱的母亲病故,他陷入一种悲哀。当年晚些时候,丢勒创作了铜版画《忧郁》寄托哀思,画面前方有个左手扶额作沉思状的坐着的青年女子,左边背景里有

丢勒作品《忧郁》(1514)

球、多面体等几何图形和一束光芒，右边房屋的窗子实为一个四阶幻方，即各行、各列和两条对角线元素之和均为 34，即

16	3	2	13
5	10	11	8
9	6	7	12
4	15	14	1

事实上，此幻方九个二阶小矩形中，有五个（四个角和中央）的元素之和也为 34；还有四顶点、任意三阶矩阵和许多斜矩形（平行四边形或棱形）的顶点之和也为 34。幻方的出现无疑加重了画面的抑郁气氛和神秘感，也帮助它成为一幅世界名画。更有意思的是，幻方的最后一行中间两个数恰好组成了画作的完成年份，即 1514（还有研究者发现 5 和 17 在其中的隐秘关系）。那一年，丢勒亲爱的母亲去世了，这幅画表达了他内心的哀悼。由此也可见，丢勒对如何构筑幻方已经游刃有余。

虽说在中国，13 世纪的南宋数学家杨辉的幻方更早出现，且与丢勒的幻方之间的差异只在行列的互换，杨辉甚至成功地构造出十阶幻方，但丢勒因为同时也是画家，且把他的幻方画在自己的作品中，他的幻方更为著名。丢勒以观察的精微和构思的复杂，将他丰富的思维与热烈的理想结合在一起，产生了一种独特的效果。

值得一提的是，印度首都新德里东南 600 公里处的小镇克久拉霍（Khajrāho，9—13 世纪昌德拉王朝的故都）布满了婆罗门教和耆那教寺庙，至今仍有 22 座保存完好，其雕饰把神话题材和世俗题材，尤其是性爱题材融为一体，颇为骇世惊俗，

大的有 1 米多高，小的仅有巴掌大小。更有甚者，有一家寺庙的墙上还用古印度数码刻画了一个四阶幻方，在某种意义上比丢勒的更加完美，特别地，九个二阶矩阵的元素之和均为 34。

克久拉霍寺庙里的雕像

克久拉的意思是椰子，据说一千年前，这座如今隶属中央邦查塔普尔县的小城栽满了椰子树。昌德拉王朝又被称为"月亮王朝"，因为流传着一个月神的传说。克久拉霍是月亮王朝流行的坦多罗教（Tantfism）的传播中心，坦多罗教大约是在公元5到9世纪之间从印度教派生出来的，主要宣扬与性有关的一些宗教思想，这些寺庙大多建造于10—11世纪。1986年，克久拉霍寺庙群入选了联合国教科文组织名下的世界文化遗产。

晚年的丢勒致力于艺术理论和科学著作的写作，包括绘画技巧、人体比例和建筑工程，他还亲自为自己的著作制作插图。他曾经写道："出自一切作品的东西，要数漂亮的人体最能使我们感到愉快，所以我就从人体比例写起。"他还曾经这样说过："求知，以及通过求知去理解一切事物的本质，这是一种天赋……而真正的艺术，是包含在自然之中的，谁能发掘它，谁就掌握它。"

第三章

天才的世纪

对随处遇见的种种事物进行思考。

——［法］勒内·笛卡尔

纯粹数学是人类心灵最富创造性的产物。

——［英］阿尔弗莱德·怀特海

意大利文艺复兴结束了中世纪漫长的"黑暗时代",使得欧洲重新崛起于世界,在艺术领域和政治面貌方面焕然一新,但尚未带来工业革命和启蒙运动,也没有促成科学的飞跃和经济的繁荣,更没有产生横跨文理的巨人。事实上,像达·芬奇和丢勒那样的艺术大师虽精通多门科学,并潜心做了研究,但最终没有成为科学巨匠,他们的科学业绩与其艺术上的革新和成就无法相提并论。可是,文艺复兴运动已打下了良好的基础,使得文理贯通和交融成为普遍的现象,接下来的17世纪注定会是一个天才辈出的时代。这些天才人物中,有些是跨界巨人,既是大数学家,同时又是哲学家、思想家、神学家、文学家或建筑师。

在这个天才的世纪里,法国人最先绽放出智慧之花,且其果实也最为丰美。这与法国是意大利的邻国不无关系,早在公元前1世纪中叶,恺撒大帝即已完成了对高卢(相当于包含法国在内的法语区)的征服,之后在罗马的统治下完全罗马化,法语和意大利语同属拉丁语系。16世纪,马丁·路德(与拉斐尔是同龄人)领导的宗教改革运动肇始于德意志,新教很快影响并传遍法国,由日内瓦人加尔文发起的教派在法国叫胡格诺派,他们与天主教徒之间的斗争在1572年夏天酿成了惨剧,导致一夜之间3000名信徒在巴黎遇难。后来,新教徒亨利四世为了实现和平,皈依了天主教,法国人和意大利人(还有西班牙人和葡萄牙人)至今仍信奉同一个宗教,这使得他们与北方信奉新教的诸民族分享力量的均衡。

法国国王亨利四世

1 —— 德扎尔格与笛卡尔

天才的世纪

在拙著《数学传奇:那些难以企及的人物》里,有这样一段描述:

英国哲学家怀特海早年在剑桥大学攻读数学,后来留校做了一名讲师,历时 30 载;之后,他受邀到伦敦大学帝国学院担任为时十年的应用数学教授。其间,怀特海对包括哲学在内的诸多领域广泛涉猎,收获颇丰,以至于他退休之后,立刻被大西洋彼岸的哈佛大学聘为哲学教授,开始了另一段辉煌的学术生涯,直到 76 岁高龄才离职。10 年以后,他在波士顿辞世。

怀特海曾与弟子罗素(Betrand Russell,1872 — 1970,1950 年诺贝尔文学奖得主)合作,写下三卷本的巨著《数学原理》(1913),而《科学与现代世界》(1925,后改名《科学与近代世界》)则是他晚期的代表作。在这本不到两百页却几乎无所不包的自然哲学论著里,怀特海把 17 世纪称为"天才的世纪",并以此来为其中的第三章命名。

与主要依赖于生物学构建直觉主义的法国哲学家柏格森(Henry Bergson,1859 — 1941,1927 年诺贝尔文学奖得主)不同,怀特海努力用近代数学和物理学的成就阐明他的过程哲学思想。他们两人的差异让人不由想起古希腊的两大哲学家——柏拉图与他的弟子亚里士多德,他们之间的差异也在于对数学与生物学的不同偏好。

谈到对17世纪科学的萌芽起到关键作用的主要因素时,怀特海指出,首先是数学的兴起,其次才是对自然秩序的本能信念和中世纪后期的理性主义。他还指出,17世纪始终如一地为人类生活的各个领域提供了思维活跃的天才,对于那个伟大的时代来说,这些天才是完全相称的。而按照达·芬奇的观点,意大利文艺复兴时期写实主义艺术的兴起同样也是形成欧洲人科学思想的一个重要因素。

怀特海接着谈到,由于"天才的世纪"涌现的伟大人物和发明创造实在太多,有些事件难免会同时发生。例如,1605年,培根的著作《学术的进展》和塞万提斯的小说《堂吉诃德》同时面世。头一年莎士比亚的悲剧《哈姆莱特》初版发行,到了那一年又出了一个修订版。然后,莎士比亚和塞万提斯在1616年的同一天(4月23日)去世。而那一年的春天,哈维也发表了有关血液循环的理论。

众所周知,1642年英国人牛顿出生,刚巧意大利人伽利略去世,这一年也是波兰人哥白尼发表《天体运行论》100周年。之前一年,法国人笛卡尔发表了《形而上学的沉思》,两年之后,他又出版了《哲学原理》。总而言之,"这个世纪可以是说时间不够,没法把天才人物的重大事件摆布开来"。

怀特海在书中列出17世纪12个天才人物,并声称是以"凡事不过十二"的精神为前提。他对自己的同胞明显有所偏爱,结果英国占据五席:培根、哈维、牛顿、洛克和波义耳;

法国、荷兰和德国各占两席，分别是笛卡尔和帕斯卡尔（Blaise Pascal, 1623 — 1662）、惠根斯和斯宾诺莎，开普勒和莱布尼茨；还有意大利人伽利略。与此同时，怀特海又说，无论意大利人、法国人、荷兰人还是英国人，都可以单独列出一长串天才的名单，而唯独德国不能，因为他们经历了残酷的"三十年战争"。

说到"三十年战争"（1618 — 1648），它是17世纪欧洲的头等大事，是由神圣罗马帝国的内战演变而成的，堪称历史上的第一次"欧洲大战"，也是一场"宗教战争"。在中世纪后期，神圣罗马帝国内部诸侯国林立、纷争不断，宗教改革运动之后发展出天主教和新教的尖锐对立，加之周边国家纷纷崛起，遂爆发了欧洲主要国家纷纷卷入的德意志内战。

这场战争基本上是以德意志新教诸侯国和丹麦、瑞典、法国（法国是天主教国家，但为了称霸欧洲而与新教国家站在一起）为一方，并得到荷兰、英国、俄国的支持；另一方为神圣罗马帝国皇帝、德意志天主教诸侯国和西班牙，并得到教宗和波兰的支持。战争以哈布斯堡王朝战败并签订《威斯特伐利亚和约》而告终，损失最惨重的是德意志，据说日耳曼诸邦国有一半男子阵亡。

这场战争推动了欧洲民族国家的形成，是欧洲近代史的开始。战争耗费的时间是20世纪两次"世界大战"总和的二倍，其共同的特点之一是，英才辈出。首先，我们来介绍英国人弗朗西斯·培根（Francisco Bacon, 1561 — 1626）。在方法论上，培根最早意识到古代烦琐学派的演绎法与近代归纳观察法之间的对立。特别值得一提的是，他清醒地意识到亚里士多德的三段论已不能满足科学的发展，需要新的工具论了。

培根出身伦敦新贵族家庭，12岁入读剑桥大学三一学院，在学生时代便勤于观察，大学学习让他对传统观念和信仰产生了怀疑，开始独自思考社会和人生的真谛。三年以后，少年培根作为英国驻法大使的随员旅居巴黎。在两年半的时间里，他几乎走遍了整个法国（那时法国相比英国较为先进），这使他接触到不少新的事物，汲取了许多新的思想，对其世界观的转变产生了极大影响。

打盹的培根。作者摄于剑桥大学三一学院

回国以后，培根一面攻读法律学位，一面因父亲去世努力谋生。他成为著名律师并步入政界，23岁当选国会议员，后被封爵士，担任掌玺大臣和国王顾问等职。与此同时，他一直对科学保持兴趣，曾在《沉思录》中写道，"知识就是力量"（Ipsa Scientia Potestas Est），可惜他生前此书未能出版。65岁那年冬天，培根尝试用雪填满鸡的身体，研究冷冻防腐现象，因此受寒，导致支气管炎复发而猝逝。

1620年，培根出版《新工具论》，发表了他的新归纳法。他认为，不仅要对所考察的、共有一种给定性质的对象列表，也要对缺乏这种性质的东西和虽有这种性质而程度不同的对象列表，这样就有希望发现这种性质的特点。遗憾的是，培根只把数学看成自然科学的辅助学科，甚至不清楚数学是如何用来为科学服务的，更没有意识到伽利略的物理学是以数学的形式呈现的。

然而，17世纪涌现了不少数学巨人，尤以法兰西居多。首先取得突破性成就的是德扎尔格，他回答了两百年前意大利艺术家阿尔贝蒂提出的绘画中的数学问题（参见上一章），即相互平行的玻璃屏板上同一物体的截景之间的数学关系问题。换句话说，射影几何学这项富有创造性的数学成果，缘自由绘画艺术启发的灵感。

德扎尔格

德扎尔格（Girard Desargues，1591—1661）出生于法国中部的里昂，父亲是皇家公证人和法院的调查员。我们对德扎尔格的早期教育所知甚少，他可能是在故乡念的书，后来去了巴黎，担任过家庭教师、工程师和技术顾问。1645 年，他成为建筑师，在巴黎和里昂设计过几座私人和公共建筑。作为工程师，他曾向巴黎市政府建议，用一种借助尚未被认可的外摆线轮原理设计的机械装置来提升塞纳河的水位，以便向城内供水。

1628 年，德扎尔格作为一名军事工程师，参与了包围拉罗舍尔（La Rochelle）的战斗，在那里结识了笛卡尔，并成为朋友。拉罗舍尔是法国西海岸的港口城市，也是一座省会城市。在波旁王朝时期，胡格诺教徒在法国南方成立了不受中央控制的国中国，拉罗舍尔是两个主要堡垒之一，那里与新教的英格兰和荷兰往来密切，于是路易十三派首相黎塞留率军前往讨伐。

两年以后，德扎尔格来到巴黎，又与数学家梅森等成为朋友，并经常出席梅森举办的数学沙龙，在那里他频频见到数学家帕斯卡尔父子，这个沙龙后来演变成法国科学院。与此同时，德扎尔格与身处外省的数学家费尔马也建立了联系。上述这些人的活动和他们取得的成就，使得法国在 17 世纪前半叶成为世界数学强国之一，也为巴黎成为接下来两个多世纪里的世界数学中心打下了坚实的基础。

1636 年，德扎尔格出版了《关于透视绘图的一般问题》（简称《透视法》）。三年以后，他又出版了《试图处理圆锥与平面相交结果的草稿》（简称《草稿》）。《草稿》汇集了德扎尔格的新思想和新方法，是射影几何学的奠基之作，同时他也回答了阿尔贝蒂的问题。当时他只印了 50 本左右，分送给朋友和熟人，原来还想出修订版，结果因为遭到某些同行的诋毁，加上解析几何和后来微积分的迅速发展，德扎尔格的著作渐渐被人遗忘。

在德扎尔格开始从事建筑师的工作以后,他就不再关心数学上的问题,而让一位雕刻师朋友去传播他的数学思想。1648年,这位朋友重印了《透视法》,并在附录中添加了德扎尔格发现的三个几何定理,包括著名的德扎尔格定理。1845年,一位数学史家才在巴黎的一家旧书店发现《草稿》的手抄本,当时正值射影几何的复兴时期。

又过了一百多年,在1950年前后,有人在巴黎图书馆发现《草稿》的原版本。这本书历经三个多世纪,终于在数学史上有了一席之地。笔者在新千年的某个春季巴黎时装周上,看到有位设计师专场展示了依据德扎尔格发现或研究过的几何曲线设计的系列时装。下面,我们介绍德扎尔格在数学领域可以被大众理解的三项成果:

一、提出无穷远点和无穷远线的概念,使平行与相交完全统一。

这等于说,平面上任何两条直线均相交,相交于有限点是真的相交,相交于无穷远点是平行。同样,空间里任意两个平面也必然相交于一条直线,在平行状态下它们相交于平行远线。在德扎尔格看来,平行是相交的特殊情形,这样就确立了不同于欧氏几何的射影几何学的初始概念。

二、提出了圆柱不过是顶点在无穷远点的圆锥,从而将圆柱与圆锥相统一。

由于古希腊数学家阿波罗尼奥斯的《圆锥曲线论》对圆锥曲线进行了完整的总结，倘若没有思想上的新突破，后来者在这个问题上几乎没有插足之地。德扎尔格意识到所有非退化圆锥曲线（椭圆、双曲线和抛物线）与圆都是射影等价的，从而可以利用射影法统一处理圆锥曲线。此外，他主要关心几何图形的相互关系，而不涉及度量，这也是几何学的一种新思想。

三、提出并证明了德扎尔格定理。

所谓德扎格尔定理是这样说的：假如平面或空间的两个三角形的对应顶点的连线共点，那么它们的（三组）对应边（延长线）的交点共线，反之亦然。如果从画家们的角度出发，这个定理可以这样叙述："假如两个三角形可以通过一个外部的点透视地看到（恰好处于锥体的两个不同截面），则当它们没有两条对应边平行时，对应边的交点共线。"

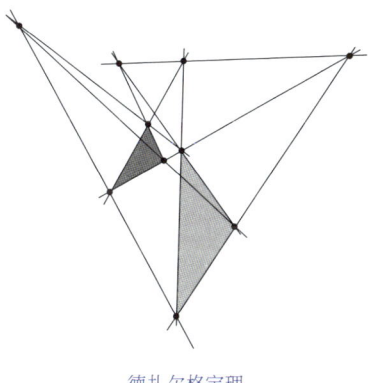

德扎尔格定理

事实上，按照数学史家们的分析和判断，17世纪的几何学研究主要是沿着两条方向突破的，一条就是德扎尔格所走的路线，可谓是几何方法的一种综合，但是在更一般的情况下进行的；另一条道路无疑更加辉煌，就是利用代数的方法来研究几何，那便是由笛卡尔建立起来的解析几何学。

笛卡尔

正如莫里斯·克莱因[1]在他的名著《西方文化中的数学》中所指出的:"从透视学的研究中产生的一个思想是,人的触觉感受到的世界与人的视觉所看到的世界,两者之间有一定的区别。相应地,应该有两种几何学。一种是触觉几何学,一种是视觉几何学。"欧几里得几何学就是触觉几何学,因为它与我们的触觉是一致的。

例如,平行线只存在于触觉中,因为在视觉里平行线是不存在的,我们绝不可能看到两条真正的平行线,即便是绝对等距离的铁轨,延伸到远处以后,从视觉上看去也会越来越接近于相交。而如果是茶杯杯沿那样的圆,除非从正上方俯瞰,否则我们看到的也只能是椭圆。即便是从正上方俯瞰,由于我们有两只眼睛,因此看到的圆也不会是百分之百的圆。后一种(视觉的)正是射影几何学,而笛卡尔建立的解析几何学却仍属于前一种(触觉的)。

笛卡尔比德扎尔格小 5 岁,出生于法国中部小镇拉艾(La Haye),这座小镇现已改名为笛卡尔镇。当他 14 个月大时,母亲便患肺结核去世,他也受到感染,因此从小身体羸弱。不久父亲再婚并移居他乡,把他留给外祖母抚养,此后父子很少见面。

---

[1] 美国数学史家克莱因与德国数学家克莱因的姓氏不同,前者是莫里斯·克莱因(Morris Kline),后者是菲利克斯·克莱因(Felix Klein)。

不过，父亲在经济上比较慷慨，这使得笛卡尔受到良好的教育，有机会进入国王创办的贵族学校读书，校长看到他天资聪颖，允许他不上早操。

父亲希望他成为律师，遵从这一愿望，笛卡尔后来进入普瓦捷大学学习法律和医学。但笛卡尔对各种知识包括数学都很感兴趣，毕业后在职业选择上犹豫不定。他先是到巴黎生活了一段时间，后来回到故乡，再后来变卖掉父亲留下的遗产，决心游历欧洲各地，从"大地这册典籍"中寻找智慧。为此笛卡尔参加了荷兰军队，随军驻扎多地，时而参加战斗，时而寻欢作乐。最后，他选择在荷兰安居下来，著书立说。

接下来20多年的时间里，笛卡尔在阿姆斯特丹，还有莱顿、乌得勒支等城市，潜心写作。无论是单身期间，还是在与阿姆斯特丹一位书店女店员同居时，他都基本上闭门不出。"隐居得越深，生活得越好"，这是笛卡尔的座右铭。在荷兰，他写出了最优秀的著作，几乎刚出版第一部书，就赢得了巨大的声誉。之后，不仅他的读者，甚至他自己也被书中伟大的思想吸引了。

笛卡尔在军队服役和欧洲游历期间，注意"收集各种知识"，"对随处遇见的种种事物进行思考"。笛卡尔对数学和物理学的兴趣，也是在荷兰当兵期间产生的。1618年11月10日，他偶然在路边公告栏上，看到用佛莱芒语写的数学问题征答。他让身旁的战友将他不懂的佛莱芒语翻译成拉丁语。这位战友大他8岁，与牛顿同名，也叫艾萨克（Isaac）。艾萨克在数学和物理学方面有很高造诣，很快成为笛卡尔的良师益友。

4个月后，笛卡尔写信给艾萨克："你是将我从冷漠中唤醒的人……",并且告诉他,自己在数学上有了4个重大发现。那时候拉丁文是学者的通用语言,笛卡尔也按照当时的风俗,在他的著作上签上自己的拉丁化名字——Renatus Cartesius(瑞那图斯·卡提修斯)。正因为如此,由他创立的笛卡尔坐标系也被称作卡提修坐标系。而发现坐标系,是笛卡尔在德国多瑙河畔小镇乌尔姆(Ulm)驻扎时的灵感,两个世纪以后,物理学家爱因斯坦也降生在那个小镇。

早在拉艾学校读书时,笛卡尔就开始怀疑,人们为何要声称自己知道那么多的真理?毕业时,他甚至断言,这个世界根本就不存在确定无疑的知识。他所受到的全部教育只不过使他更进一步发现人类的无知,这就是笛卡尔的怀疑主义。诚然,他也认识到某些研究的价值,他认为,"雄辩术有无可比拟的力量和美感,诗歌有其令人陶醉的优雅和情趣",但他却断言,"这些只不过是大自然赐给人类的礼物"。

笛卡尔人到中年的时候,五岁的女儿死于热病,同居的女友随后也嫁人了,

工作中的笛卡尔

他的幸福时光戛然而止。此后，他可能爱上过一个年轻的贵族小姐，直到另一个同样年轻而任性的女人出现，那便是瑞典女王克里斯蒂娜。23岁的女王是笛卡尔的崇拜者，她派出一艘军舰把笛卡尔邀至斯德哥尔摩，于是在那个

笛卡尔在给瑞典女王讲解几何学

格外寒冷的冬天，睡惯懒觉的他不得不每周3次在凌晨5点来到王宫，为她讲授哲学。几个月以后，笛卡尔因肺炎复发客死异乡。

笛卡尔被德国哲学家黑格尔（G.W.F.Hegal，1770—1831）誉为"近代哲学之父"，他的方法论我们留待下一节叙述。笛卡尔的数学贡献大致可以归纳为以下几个方面。其一，算术的符号化，比如我们使用的已知数 a, b, c 和未知数 x, y, z 以及指数表达式是由笛卡尔给出的。其二，从原点出发，延伸出 x 轴和 y 轴，建立历史上第一个倾斜坐标系，并给出直角坐标系的例子。其三，在直角坐标系的基础上，建立了解析几何，无疑这是笛卡尔对数学最重要的贡献。其四，凸多面体的顶点数 v、边数 e 和面数 f 之间的关系：

$$v - e + f = 2.$$

第三章 天才的世纪

这个公式被后人称为欧拉—笛卡尔公式。

此外，笛卡尔在数论方面也花费了很多心血。例如著名的哥德巴赫猜想：每个大于 4 的偶数必为 2 个奇素数之和。众所周知，哥德巴赫猜想是由 18 世纪的德国数学家哥德巴赫与瑞士数学

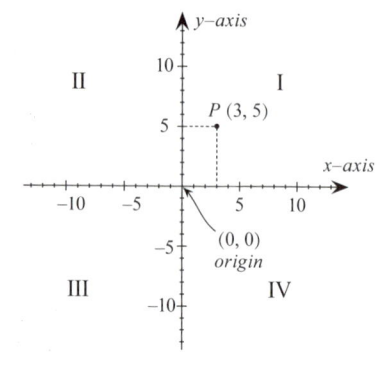

笛卡尔坐标系

家欧拉在通信中提出来的。但是，一个多世纪以前，笛卡尔就在笔记本上悄悄地记下了这一发现。此外，他还研究了完美数和亲和数，发现了多个 2—4 阶的完美数和一个 10 位数的亲和数。还有笛卡尔叶形线，这个曲线及其图像在微积分学教程里常可见到，也被用来佐证他与瑞典女王的爱情故事。

2 —— 费尔马与帕斯卡尔

费尔马

与笛卡尔富有冒险、罗曼蒂克和绚丽多姿的生活不同，费尔马的生活实实在在、循规蹈矩，甚至有些乏善可陈。费尔马出生在法国南方米迪比利牛斯大区塔恩—加龙省的小镇博蒙·德洛马涅，那里远离法国的数学或艺术中心。他的父亲是一位富有的皮革商人，但也没有想过要给儿子培养艺术方向的才能，不过还算有条件让他进入方济各会修道院学习。

费尔马肖像

1623 年，费尔马进入法国中部的奥尔良大学学习民法，3 年以后获得了学士学位。之后，他在大西洋海滨以葡萄酒出名的波尔多找到一份工作。业余时间他开始对数学感兴趣，并进行了深入的研究。费尔马曾把一个几何学的结果呈现给当地一位数学家，也把有关一个极值问题的研究成果与另外一位数学家分享。数学史家认为，他受到了前辈同胞数学家韦达（François Viète，1540 — 1603）的影响，后者在符号学和一元二次方程式理论方面有贡献。

1630 年，费尔马在临近故乡的图卢兹议会买到一个议员职位，并于次年在大法官面前宣誓就职，担任上方接待室的法律顾问。他终身担任这个职务，并有权在自己的名字中间加了 de（德），即由皮埃尔·费尔马变成了皮埃尔·德·费尔马，表明一种尊贵的身份。费尔马很有语言天赋，除了法语以外，他还精通拉丁语、希腊语、意大利语、西班牙语和奥克西坦语（Occitan），热衷于希腊文本的校订工作，以多种语言写作的诗歌也受到赞誉。

说到奥克西坦语，它是印欧语系罗曼语族的一种语言，主要通行于法国南部（尤其是卢瓦尔河以南）和意大利阿尔卑斯山谷，以及西班牙的加泰罗尼亚地区。加泰罗尼亚语与奥克西坦语十分相似，普鲁旺斯语则是奥克西坦语的一种方言。1904 年获诺贝尔文学奖的法国诗人米斯特拉尔（Frédéric Mistral，1830 — 1914），即是用奥克西坦语写作的。有一位中学老师出身的智利女诗人笔名为米斯特拉尔（Gabriela Mistral，1889 — 1957），正是出于对前辈法国诗人的膜拜，她于 1945 年为南美洲获得第一个诺贝尔文学奖。

费尔马承担的司法工作占据了他白天的工作时间，而夜晚和假日几乎全被他用来学习语言和研究数学了。主要原因是从那个时代起法国就反对法官们参加社交活动，理由是朋友和熟人有一天会被法庭传唤，法官与当地居民过分亲密会导致偏袒。正是由于孤立于图卢兹上流社会的交际圈之外，费尔马才能专心于他的业余爱好。

费尔马把自己的大部分数学发现都用通信的方式告诉他的朋友，这是古希腊人流传下来的传统。可是，他很少甚或根本没有给出他的证明。在写给朋友的信中，他（在牛顿或莱布尼茨之前）探讨了许多微积分的基本思想。费尔马被誉为"业余数学家之王"，他在几何学、概率论、数论和微积分等方面都做出了重要贡献，这也导致了他与同胞数学家笛卡尔和英国数学家沃利斯等同时代人的优先权之争。

费尔马与另一位同胞数学家帕斯卡尔的通信，则奠定了概率论这门学科，据说这是受他们共同的一位朋友所托。在大数据时代的今天，概率论以及稍晚正式出现的统计学发挥了越来越重要的作用。其实，两位数学家最初讨论的是赌博问题。假如有两个赌技相当的人 A 和 B，A 若取得 2 点或 2 点以上即获胜，B 需要取得 3 点才获胜，那么经过简单而细致的分析可以得知，A 和 B 获胜的概率分别为 11 / 16 和 5 / 16。

费尔马并非把他的所有工作都隐藏起来。1636 年，他在解析几何学方面的开创性工作以手稿形式发布（基于 1629 年取得的成果），先于笛卡尔《几何学》的出版（1637），但正式出版则要等到他去世后的 1679 年，书名为《平面与立体轨迹导论》。在方法论上，费尔马提出了一种确定曲线最大值、最小值和切线的方法，这相当于微分学。费尔马还获得一种求平面和固体重心的方法，这类方法让他在积分学方面的研究取得进展。

最令费尔马倾心的，恐怕仍是数论。这方面对他最有影响的是一部叫《算术》的著作，是由古希腊最后一位大数学家丢番图（Diophantus，约 246—330，据推断和计算得知）完成的。费尔马研究过完美数、友好数、佩尔方程，以及后人以他的名字命名的费尔马数和费尔马素数，等等。正是在研究完美数的时候，他发现了费尔马小定理（1640）。这个定理的表述形式

如下：设 p 是素数，则对任意不被 p 整除的整数 a，均有

$$a^{p-1} \equiv 1 \pmod{p}.$$

这里 ≡ 是同余符号，意思是 p 整除 $a^{p-1}-1$。例如，取 $a=2$，$p=5$，则有 5 整除 2^4-1。费尔马本人并未给出证明，1736 年，瑞士数学家欧拉证明了这个结果。1760 年，他将这个同余结果推广到一般的整数模，这个定理被称为欧拉定理。欧拉定理与第一章提及的中国南宋数学家秦九韶发明的大衍求一术一样，在密码学中有着重要的应用。

当然，费尔马最值得一提的是以他名字命名的费尔马大定理，即对于任何大于或等于 3 的正整数 n，下列方程无正整数解：

$$x^n+y^n=z^n.$$

当 $n=2$ 时，欧几里得在《原本》里给出了上述方程的解，有无穷多组。费尔马发明了一种因式分解法和无穷递降法，从而在 $n=4$ 情况下证明了费尔马大定理，但它的叙述仍超出本书设定的读者可以接受的范围。

至于 $n=3$ 的情形，其无解性的证明要等到一个多世纪以后，还是由瑞士人欧拉来完成的，他对费尔马留下的任何一个问题都倾心研究。至于一般的 n，严格的证明要等到 1995 年，才由英国数学家怀尔斯（Andrew Wiles，1953 — ）给出证明，那被誉为"20 世纪的数学成就"。在这三百多年间，无数聪慧的头脑投入对此定理的研究，一门重要的数学分支"代数数论"和一些重要的数学概念如"理想数"因此诞生。

此外，费尔马还提出了多角形数定理，即对于任意大于

2的整数n，每个正整数均可以表示成n个n角形数之和。其中，$n=4$即四平方数定理，是在1770年由法国数学家拉格朗日（Joseph Langrange，1736—1813）证明的，$n=3$的情形是在1796年由德国数学家高斯证明的，一般情形则是在1813年由法国数学家柯西（Augustin Cauchy，1789—1857）给出的。1828

费尔马纪念碑在他的故乡

年，德国数学家雅可比用自守型这一强有力的方法，给予 $n=4$ 一个新的证明。

正如 20 世纪俄国画家康定斯基（Wassily Kandinsky，1866—1944）所言，数是各类艺术最终的抽象表现。与他同时代的出生于美国的英国数学家莫德尔也认为："数论是无与伦比的，因为整数和各式各样的结论，因为美丽和论证的丰富性，高等算术（数论）看起来包含了数学的大部分罗曼史。"因此，虽说费尔马不像其他法国同胞数学家那样是横跨文理的巨人，但相信他已经从数论之美中获得了满足。

帕斯卡尔

就在费尔马进入奥尔良大学读书的那一年，帕斯卡尔出生在中南部多姆山省的首府克莱蒙—费朗。他的祖父做过法国财政部长，他的父亲是当地一位税务官和律师，对数学和物理学颇感兴趣。相比笛卡尔和费尔马分别出生于村庄和小镇，帕斯卡尔的故乡好歹算个省会，但是法国有 96 个省（不算海外省），因此省会只相当于我国的中小城市。这似乎再次印证了作者的一个论断：大城市不容易产生天才人物。

帕斯卡尔肖像（1691）

帕斯卡尔集数学家、物理学家、发明家、文学家和神学家于一身，他还是一个神童。虽然他 3 岁时母亲即病故，但他的父亲倾心教育孩子。家里还有一个姐姐和一个妹妹，在帕斯卡尔的一生中对这位体弱多病的兄弟多有照顾。8 岁那年，为了孩子的前途，父亲决定把家迁往巴黎。老帕斯卡尔没有再婚，但他们雇用的女仆露易丝最终成为家中的一员。

12 岁那年，帕斯卡尔独立推导出了几何学中的一个定理，即三角形的三个内角之和等于两个直角。那时神父出身的数学家梅森在巴黎每周举办一次科学沙龙，帕斯卡尔父子是常客。16 岁时他发现了著名的帕斯卡尔定理，即内接于圆锥曲线的六边形的三组对边的三个交点共线。次年帕斯卡尔出版了《圆锥曲线论》，这是他研究德扎尔格射影几何学的成果，也是自古希腊数学家阿波罗尼奥斯以来在圆锥曲线方面最重要的进展。虽说笛卡尔认定这项工作是老帕斯卡尔所为，但梅森相信是小帕斯卡尔发现的。

那时的法国可以买卖官职，费尔马买到一个官职，而老帕斯卡尔则卖掉自己的官位之后迁居巴黎。原本那笔钱可以让他们全家在巴黎过得舒适（即便不那么奢侈），但他购买了国家债券，而法国因为参与了欧洲"三十年战争"，结果债券价值大大缩水，只有原来的九分之一。为了全家的生计，老帕斯卡尔不得已重新出山，到滨海塞纳省的鲁昂担任税务官。

1642 年，19 岁的帕斯卡尔为了减轻父亲无休止的、累人的计算工作量，设计了一台能够自动进位、可以做加减运算的计算装置，被认为是世界上第一台计算器，也为后来的计算机提供了基本原理。这些计算器被称为帕斯卡尔计算器或帕斯卡琳，据说一共生产了 50 台，现尚有 8 台留存，其中 4 台在巴黎

帕斯卡尔发明的计算器，现藏于巴黎艺术与仪表博物馆

的博物馆，1 台在德国德累斯顿的博物馆。帕斯卡尔的计算机在商业上并不成功，主要原因是价格太昂贵，还因为使用起来过于复杂。

除此以外，帕斯卡尔在流体力学方面也有卓越贡献，这方面超越了意大利前辈物理学家托里拆利（Evangelista Torricelli，1608—1647）。后者是伽利略的学生和助手，以发明气压计闻名，曾继伽利略之后出任佛罗伦萨科学院的数学和物理学教授。帕斯卡尔还发明了水银气压计、注水机和水压机，撰写了液体溶液平衡、空气的重量和密度等方面的重要论文和实验报告。

1654 年对帕斯卡尔是关键的一年，他研究了多个数学问题。首先，他在无穷小分析上深入探讨，得出求不同曲线所围图形面积和重心的一般方法，并以积分学的原理解决了摆线问题，他的论文手稿对德国数学家莱布尼茨建立微积分学有重要启发。其次，在研究二项式系数性质时，写成《算术三角形》提交给巴黎科学院。二项式系数被后人称为"帕斯卡尔三角形"，虽说 9 世纪印度数学家马哈维拉（Mahavira）和 11 世纪

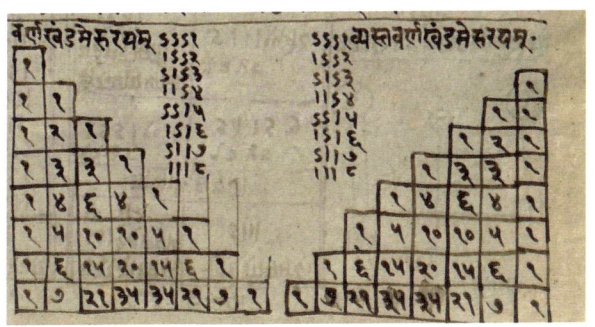

印度人发现的三角形(755),现藏于拉古纳特图书馆

中国数学家贾宪更早给出。

也是在 1654 年,帕斯卡尔首次体验了宗教,此后放弃了数学研究。次年,他进了巴黎西南郊的波尔罗亚尔女修道院[①](Port Royal Abbey),在那里写作了两部传世之作《致外省人》和《思想录》。与此同时,帕斯卡尔并没有放弃物理学的研究,甚至对数学哲学也有十分重要的贡献,他这方面的主要成果收录在著作《几何学精神》中,最初始于为皇家小学的几何学教材撰写的序言。

《几何学精神》直到帕斯卡尔死后一个多世纪才出版,书中研究了真理的发现问题,他认为理想的方法是在已经确立的

---

① "波尔罗亚尔"的本意是王家码头,距离凡尔赛宫不远,波尔罗亚尔修道院是天主教改革派詹森主义的大本营。在帕斯卡尔之前,幼年成为孤儿的法国剧作家拉辛(Jean Racine, 1639—1699)被送入这座修道院,在那里长大。拉辛死后,按其遗愿葬于修道院墓地。

真理上找到所有的命题。然而，他同时又声称这是不可能的，因为这些既定的真理需要其他的真理来支持。基于这一点，帕斯卡认为几何学的方法是尽善尽美的：假定了某些原则，从中推导出其他命题。然而，我们无法知道假定的原则是否真实。

帕斯卡尔还发展了一种定义理论。他区分了由写作者依据传统标签给出的定义和用语言给出的定义，认为只有第一种定义对科学和数学才是重要的。在《说服的艺术》一书中，帕斯卡尔深入地研究了公理化方法，特别是人们如何对所得的结论依据的公理深信不疑的问题。他同意前辈同胞、作家兼思想家蒙田的观点，即通过已有方法来证明这些公理结论的正确性是徒劳的，并断言它们只能通过直觉来领会，从而强调了寻找真理必须服从上帝。

1646 年冬天，58 岁的老帕斯卡尔在鲁昂一条结冰的街道上滑倒，摔断了尾骨；考虑到年龄和 17 世纪的医学，这种情况非常严重，有可能是致命的。幸好法国最好的两位骨科医生在鲁昂，经过他们的精心治疗，老人活了下来，又能走路了。在这期间，帕斯卡尔与这两位医生有了密切接触，原来他们是从天主教分裂出来的詹森主义的追随者。这次经历以及后来父亲过世之后兄妹的财产之争，使得帕斯卡尔最终皈依了詹森教。

《致外省人》由十八封书信组成，这些信件是替詹森主义者阿尔诺辩护的，后者因为写作了一部反对耶稣会的著作，正在被审理。相比耶稣会在道德方面的宽松，詹森主义比较严酷，认为人的得救只能依靠上帝的恩典，而无法通过自己的善行。这部著作出版后立刻取得了成功，它用一种既简洁又丰富、严谨而准确的文风替代了以往的装腔作势、故弄玄虚和冗长乏味,被法国文学批评奠基人布尔洛赞为法国近代散文的开端,至今盛名不衰。

如果说《致外省人》里的帕斯卡尔是一位雄辩的批评家,那么《思想录》里的帕斯卡尔就是一位富有灵感的艺术家。例如,书中这样劝导那些怀疑论者:如果上帝不存在,那么怀疑论者相信他也什么都不会失去;而如果上帝存在,那么怀疑论者由于相信他就可以获得永生。《思想录》被广泛认为是一部杰作,是法国文学的一个里程碑。而帕斯卡尔本人,正如20世纪美国出生的英国诗人、1948年诺贝尔文学奖得主T.S.艾略特所描绘的,是"苦行僧中的世俗男子,世俗男子中的苦行僧"。

方法论

在讲述笛卡尔的方法论之前,我们先来回顾一位地理学家和两位哲学家。麦卡托(Gerardus Mercator,1512—1594)是佛兰德斯地理学家、制图学家,1569年,他依据自己发明的麦卡托投影法绘制出一幅长202厘米、宽124厘米的世界地图。麦卡托投影法是一种等角的圆柱形地图投影法,是将地球仪投影在外接圆柱壁上,再摊开成为平面地图。

用这种方法投影出来的地图呈长方形,经线和纬线也与地球仪上的一样互相垂直。因此,它对远程的航行很有帮助,迄今航海图大多还用这种投影法绘制,谷歌地图和苹果地图等也采用这个方法。但麦卡托投影会使面积产生变化,越接近极点比例越失调。值得一提的是,澳大利亚要到1606年才被"发现",故而没出现在麦氏地图上。据说940年我国宋朝也有人发明这个方法，遗憾发明者名字等未详，也未有地图传世。

佛兰德斯是西欧的历史地名，泛指古代尼德兰南部地区，包括今比利时的东西佛兰德省、法国的加来海峡省和北部省、荷兰的泽兰省。麦卡托出生于今安特卫普（比利时港市）南部小村卢佩尔蒙德，是家中第七个孩子。当时，他们家住在今德国西部边境距离荷

麦卡托像

兰只有 1 英里的甘格尔特村，那次是去亲戚家串门的，不料母亲生下了他。他们在卢佩尔蒙德停留了 6 个月，便又回到了甘格尔特。

7 岁那年，麦卡托开始在村里上学，学习阅读、写作、算术和拉丁文。14 岁那年父亲去世，他便由亲戚监护，这位监护人希望他能像自己那样成为牧师。次年，麦卡托被送到布拉班特公国一所学校念书，整整 40 年前，人文主义思想家、神学家、鹿特丹的伊拉斯谟曾就读于这所学校。学校所在地叫赫托根博什，是公国四个首府之一，另外三个是布鲁塞尔、安特卫普和鲁汶（Leuven，法语 Louvain）。除了《圣经》，他还学习拉丁语、逻辑和修辞学、亚里士多德哲学、普林尼的自然史和托勒密的地理学也在其中。

1532 年，麦卡托就读于鲁汶大学，比帕斯卡尔追随并信仰的詹森入学早了 70 年，后者曾出任鲁汶大学校长。麦卡托的同

学和好友中，有后来创立解剖学的维萨留斯，他使医学走上观察和实验的轨道。毕业后麦卡托去了安特卫普，并没有成为牧师，而是与方济各会修士频频接触，他们对亚里士多德经院哲学多有怀疑，偏重测量和观察，其中有一位是地图和地球仪收藏者，这触发了麦卡托对地理的热爱。

两年以后，麦卡托回到鲁汶，投身于地理学、数学和天文学的研究。在一位仅比他年长4岁的青年学者指导下，合伙制作地球仪。麦卡托引进了意大利人发明的斜体字，书写在地球仪上，结果销售取得成功，他的经济状况大为改善，让他有条件娶妻生子。30岁那年，他的人生遭受了重大挫折，他因被怀疑是路德教徒上了宗教裁判所黑名单，在被捕关押7个月后无罪释放，其他5人则上了断头台、火刑柱或被活埋。

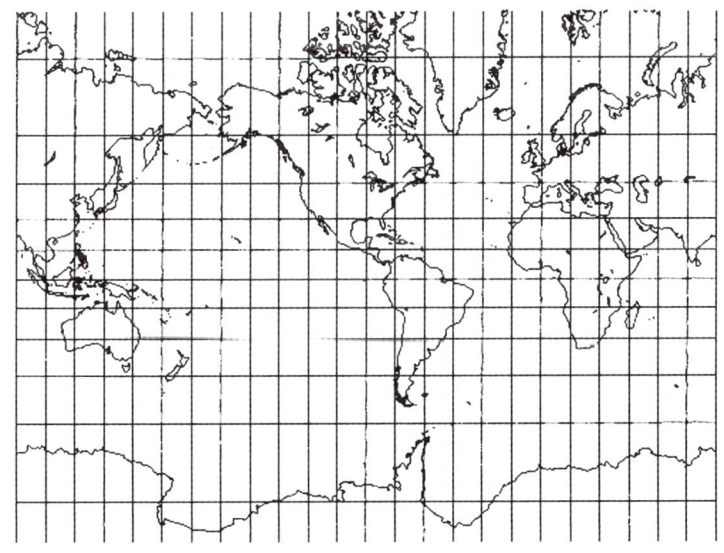

麦卡托绘制的世界地图

第三章　天才的世纪

1552年，麦卡托一家搬到克利夫斯公国的杜伊斯堡（今德国），在那里度过了后半生。或许是杜伊斯堡对学者和宗教的宽容吸引了他，市长成为他的好友，公爵任命他为宫廷宇宙学家，他还出版了欧洲挂历，将其献给红衣主教。麦卡托成为地图出版商、雕刻师和书法家。在这期间，他完善了投影法，绘制成世界地图和各种各样的地图（将地图集命名为Atlas），使得航海家只需画些直线就能够长距离旅行而无须不断调整罗盘。

总之，麦卡托利用数学方法发明了投影法，成功绘制出世界地图。反过来，他的经纬线地图，又可能在某种意义上启迪了笛卡尔，后者在麦卡托去世两年后出生。1633年，当笛卡尔听到伽利略在意大利受到宗教裁判所审判的消息，放弃了出版几何著作的想法（五年后以随笔形式作为《方法论》的附录三付印）。而此前一年，荷兰犹太哲学家斯宾诺莎（Baruch de Spinoza，1632—1677）在阿姆斯特丹降生，他出版的第一部著作正是《笛卡尔哲学研究》。

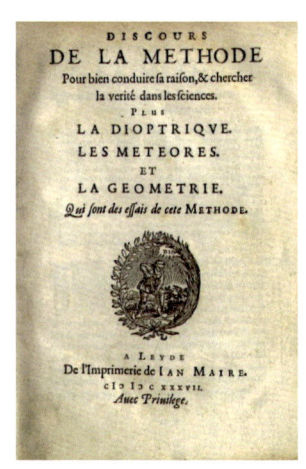

笛卡尔的著作《方法论》

在讲述斯宾诺莎的故事之前，我们先来谈谈英国哲学家和政治理论家霍布斯（Thomas Hobbes，1588—1679），他比德扎尔格还早出生三年，却比斯宾诺莎晚两年去世。换句话说，他的生命涵盖了德扎尔格、笛卡尔、帕斯卡尔和斯宾诺莎这四位的生命。遗憾的是，由于他对数学（几何学）的兴趣发生得较晚，错失了数学发现和创造的机会。

霍布斯 15 岁进入牛津大学，读书期间大部分时间用来阅读游记，研究地图和航海图。后来他成为卡文迪许伯爵的私人教师（剑桥的卡文迪许实验室培养了许多杰出物理学家），曾三次陪同伯爵到欧洲大陆旅行，与法国数学家梅森多次相聚，出席过他的学术沙龙，也曾在意大利与伽利略探讨学术。正是在一次旅行过程中，他发现了欧几里得的《几何原本》并做了研究，学到了演绎的方法。

有一则关于霍布斯发现《几何原本》的小故事。霍布斯 40 多岁时，某一天在旅途中走进一家私人图书馆，看到《几何原本》。他翻看里面的几何命题，嘴里念念有词："这不可能。"几次三番，他终于信服了，从此喜欢上几何学，尤其是那种无懈可击的论证方式。显而易见，建筑物上层的稳固取决于基础的坚实，如果在一开始就能提出无可争议的论述，再层层递进，最终有理解力的人都会接受更高层次的论断。

霍布斯认为人是生而平等自由的，他以论述个人安全和社会契约的著述闻名于世，其中包含了自由主义的思想萌芽，也包含了那个时代的专制主义特征。他的代表作《利维坦》，几个世纪以来，一直是许多国家元首必读的政治书籍。利维坦是一种威猛的海兽，他以此比喻君主专制政体的国家。据说在霍布斯的时代，没有一个英国人在国外的知名度比他更高。凡是到访英国的外国名人，总是非常期待能见到他，并向他表达敬意。

再来说说斯宾诺莎，他的祖先居住在西班牙北部，15 世纪末因受宗教和种族迫害，举家逃难到葡萄牙，一个世纪后又逃到荷兰。斯宾诺莎的祖父和父亲均为阿姆斯特丹颇受尊敬的犹太商人，父亲经营进出口贸易，担任犹太人公会会长，家庭生活优裕。6岁那年，斯宾诺莎进了父亲兼任校长的犹太教会学校念书，课余又在家人安排下，师从一位德国学者学习拉丁文和德文。

在研究犹太经典著作的过程中，斯宾诺莎产生了怀疑，结果被犹太教视作离经叛道，并于1656年被开除出犹太教，那年他24岁。他卜居海牙，过着清贫的生活，最后搬出犹太居住区，以磨镜片为生，同时进行哲学思考。他不承认神是自然的创造主，而认为自然本身就是神的化身。1673年，斯宾诺莎曾被邀请担任海德堡大学哲学教授，条件是不可提及宗教，被他婉拒。磨镜片工作伤害了他的健康，他吸入了大量硒尘，45岁时因肺痨去世。

斯宾诺莎最负盛名的著作是《用几何学方法作论证的伦理学》（*Ethica Ordine Geometrico Demonstrata*），简称《伦理学》。该书以欧几里得几何学的方式来写作，开头给出一组定义和公理，从中产生命题、证明、推论及解释。书中讨论了三个主题，即形而上学、心理学和伦理学，其中伦理学正是他创造的。斯宾诺莎认为善对于不同事物（例如人和马）是有区别的；人类的理解力是上帝无限智慧的一部分。他把认识论分成三个阶段，意见或想象（经验和判断并不充分）、理性（存在几何学的先天知识）和直观（对客体的充分认识）。

《伦理学》在斯宾诺莎去世以后才得以出版，之前他早已经接触到了笛卡尔的哲学并进行过深入细致的研究，曾用几何学的方法阐述笛卡尔的《哲学原理》。斯宾诺莎对笛卡尔哲学难解之处通俗易懂的解答尤其引人瞩目，他的哲学既是对笛卡尔哲学的发展，也是对笛卡尔哲学的否定。现在，我们就来谈谈笛卡尔的《方法论》。

《方法论》是笛卡尔第一部哲学著作，出版于1637年（笛卡尔的几何学正是作为该书的附录三首次面世的），那年费尔马提出了他的大定理。笛卡尔认为人的心灵基本上是健全的，是获得真理的唯一手段。书中笛卡尔提出了以下四个准则：

第一，不接受任何自己不明白的真理。换句话说，只要是自己没有真切体会到的，不管哪个权威的结论，都可以怀疑。这就是著名的"怀疑一切"理论。例如，亚里士多德曾说过，女人比男人少两颗牙齿。事实并非如此。

第二，将要研究的问题，尽量分解为多个较为简单的小问题，一个个分开解决。

第三，将小问题从简单到复杂排列，先从容易解决的着手。

第四，问题解决后，要综合起来检验，看是否完全彻底地解决了。

在书的最后一部分，笛卡尔概述了其学说的形而上学基础。他认为物质世界的科学必须以现实世界的绝对确定性为基础，在这个过程中，怀疑的方法被普遍应用。怀疑即是在思考，在我怀疑时，我必须存在。自古希腊的泰勒斯以来，西方哲学家都信奉一元论，即物质世界是由某一个元素组成的。笛卡尔发明了"二元论"，明确地把心灵与肉体区分开来。心灵的作用正如其著名的命题所表达的，"我思，故我在"。以此为出发点，笛卡尔引申出他所有的哲学命题。

1644年，笛卡尔又出版了《哲学原理》。这部著作是对他的哲学思想的概括和总结，明确表现出了理性主义思想。笛卡尔认为，理性比感官更可靠，人类应该可以使用数学的方法——也就是理性——来进行哲学思考。全书分四个部分：第一部分重述他的哲学原理；其余三个部分依次通过物理、化学和生物学对一切自然现象进行逻辑学描述，并对精神的、神学的或其他为一定目的服务的事业予以否定。在这个过程中，笛卡尔将机械学的词汇与几何学观念相联系，利用假说进行概括，为使用近代方法进行科学研究开辟了道路。

在笛卡尔看来，哲学就其整体来说，好像是一棵树，其根为形而上学，其干为物体，而枝杈是由此滋生出来的一切科学，它们可分为医学、机械学和伦理学。在宗教信仰方面，笛卡尔声称自己是虔诚的罗马天主教徒，但在他的时代，笛卡尔被指控宣扬秘密的自然神论和无神论。帕斯卡尔就曾说过："我不能原谅笛卡尔；他在其全部的哲学之中都想撇开上帝。然而他又不能不要上帝来轻轻碰一下，以便使世界运动起来；除此之外，他就再也用不着上帝了。"

与虔诚的帕斯卡尔一样，笛卡尔也给出过上帝存在的理由。笛卡尔哲学的起点是怀疑论。他认为一切东西都是可以怀疑的，而在怀疑之后是一种一无所有的状态。另一方面，怀疑者本身不能不存在，因为"要想象一种有思想的东西是不存在的，那是一种矛盾"。这就是笛卡尔的"我思，故我在"（法语，je pense, donc je suis；拉丁语，cogito, ergo sum；英文，I think, therefore I am）。最后，他找到的那个不可怀疑之物：一个有思想的、思维着的理性、观念、精神。或许，在笛卡尔心目中，上帝就是他本人。

3 —— 牛顿与莱布尼茨

微积分的诞生

微积分的诞生是划时代的数学成就，它是人类文明史上最伟大的智力成就之一。在那以前，数学在西欧各国至多只是哲学系下面的一个专业，而哲学系通常是由神学院设立。随着微积分的诞生，以及接下来分析时代的到来，数学的作用越来越大，与自然科学、工程技术甚或人文社会科学的联系越来越密切。数学教师的工作岗位大幅增加，数学在大学里成立独立的一个系指日可待。

微积分中第一个重要的概念是极限（limit）。早在古希腊时期，安蒂丰就在几何学的研究中运用了极限的概念，他把正多边形内接到圆中。如图所示，这是圆内接正六边形。它的面积已比较接近圆了。随着边数的成倍增加，正多边形的面积越来越接近圆的面积。类似地，圆的外切正多边形的面积，当边数增多时，其极限也趋向于圆的面积。

在中国，3世纪魏晋时期的数学家刘徽同样也用内接正多边形逼近圆，并称之为割圆术，用以计算圆的周长、面积

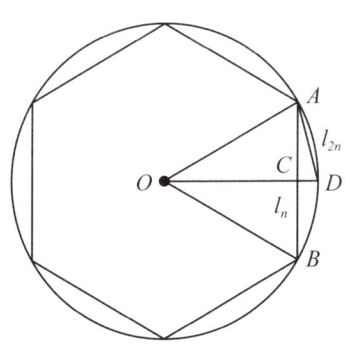

割圆术：圆周率的计算

和圆周率。刘徽在《九章算术注》里写道：

> 割之弥细，所失弥少，割之又割，以至于不可割，则与圆合体而无所失矣。

5世纪南朝数学家祖冲之（429—500）继承了刘徽的事业，他把圆周率精确计算到小数点后七位，这记载在史书《隋书》中。他一直保持这个纪录，直到15世纪才被阿拉伯数学家卡西（al-Kāshī，？—1529）打破（利用了余弦函数的半角公式）。由于祖冲之本人的著作已经失传，我们不知道他的计算方法。一般认为，他沿用了刘徽的割圆术。如果真是这样，他必须计算到正 24 576（$=6\times 2^{12}$）边形，才能获得上述数据。

有了极限以后，下一步就是发明微积分学。到了17世纪，有许多科学问题需要解决，这些问题促成了微积分学的诞生。归结起来，主要有四种类型的问题：第一类是研究运动的时候出现的，也就是求即时速度和加速度；第二类是求曲线切线的问题，这是几何学的需要；第三类是求函数的极大值和极小值问题；第四类是求曲线的长度、曲线围成的面积、曲面围成的体积、物体的重心，等等。

总体来说，割圆术是离散的方法，无论阿基米德还是刘徽都只是用了数列的极限。要产生微积分，还需要一个基本的概念——函数。函数是有关变量之间的一种相互关系，这是数学家从对运动（如天文、航海问题等）的研究中引出来的，这个概念在几乎所有的数学研究中占中心位置。紧接着产生了微积分，它是继欧几里得几何之后，全部数学中最大的创造。

下面来介绍微分学和积分学的产生。微分学即导数，1664年，当牛顿还是剑桥大学三一学院的研究生时，学校因为鼠疫停课了，且一停就是两年。牛顿回到自己的家乡伍尔索普，在这两年期间，他发现了著名的万有引力定律、微积分以及光的分解和折射理论。依照参加过牛顿葬礼的法国启蒙主义思想家伏尔泰（Voltaire，1694 — 1778）的描述，牛顿是在农庄的一棵苹果树下获得灵感的。当苹果坠落时，愈落愈快，故而除了速度还有加速度，牛顿希望利用数学公式来解释和表达这一现象。

假设苹果从 A 点开始坠落，在时刻 t 到达 B 点，AB 两点之间的距离为 s；再经过一点点时间 Δt，苹果又下落了一点点距离到达 C 点，设 BC 两点之间的距离为 Δs（这里 Δ 为希腊字母）。B 点的速度非常接近于 Δs 除以 Δt 的商，即比率 $\Delta s/\Delta t$。而当 Δt 趋于零时，下列比值的极限即为苹果到达 B 点的精确速度，

$$v = lim \frac{\Delta s}{\Delta t}.$$

我们把上述极限记作 $\frac{ds}{dt}$，即为 s 关于 t 的变化率或导数。与此同时，我们也可以把 ds 和 dt 当作单独的数来计算，并认为它们的比就是速度 v。如此一来，我们分别把 ds 和 dt 叫作 s 的微分和 t 的微分。正如速度是距离关于时间的导数，加速度就是速度关于时间的导数。若设 a 是 B 点的加速度，则有

$$a = \frac{dv}{dt} = lim \frac{\Delta v}{\Delta t}.$$

其中 Δv 是 v 在 BC 段得到的一点点速度增量。考虑到 a 是 v 的

导数，v 又是 t 的导数，那么 a 就是 t 的二阶导数。

为求取 s 关于 t 的导数，首先得知道 s 关于 t 的函数。通常，这由联系 s 与 t 的公式来给出。当 t 变化时，s 也跟着变化，它们都是变量。微积分学中研究导数的部分称为微分学，它在科学和工程技术领域里作用不小，其中一个非常重要的应用是求极大值和极小值。例如，当材料的长度给定时，求依墙而建的最大面积的猪栏的尺寸大小；或当体积给定时，求表面积最小的柱形罐头的尺寸大小。

现在我们来谈谈积分学。如上所述，给定了时间 t 的函数 s，可通过求得它的导数来获得速度 v。但是，有时候又需要通过 v 来求取 s，即 s 的"反导数"。这个问题的另一种说法是：已知 $v=ds/dt$，即 $ds=vdt$，要从 ds 求取 s，即求 ds 的"反微分"。通常，我们称"反微分"为积分，用拉长的 s（sum，求和）记号 $\int$ 来表示，即

$$s = \int v\, dt.$$

积分学的一个重要应用在于，求取诸如把曲边梯形面积分解成许多小矩形面积的小量之和的极限，它可以用来求取面积、体积和曲线的长度，等等。

微积分学的创立，极大地推动了数学的发展。以往有许多用初等数学无法解决的问题，运用微积分学往往迎刃而解，显示出这门新学科的无穷威力。然而，任何一门新学科的创立都不是一帆风顺的，也往往不是某一个人的功劳，而是经过许多人甚至许多代人的努力，在积累了大量成果的基础上，最后才得以完成的。微积分学的建立也是这样。

如今，我们把微积分的发明归功于两个人，即英国人牛顿和德国人莱布尼茨。可是，当时在牛顿的支持者和莱布尼茨的支持者之间，却曾发生阻碍微积分发展几乎长达一个世纪的优先权之争。这场轩然大波也造成了欧洲大陆的数学家和英国数学家的长期对立，其结果是，英国数学在一个时期里闭关锁国，囿于民族偏见，过于拘泥于牛顿的"流数术"而停步不前，因而数学发展落后了整整一百年。

其实，牛顿和莱布尼茨是各自独立研究微积分，在相近的时间里完成的。牛顿创立要早10年左右，而莱布尼茨却早3年正式发表。他们的研究各有长处，也各有缺陷，都不尽完善。特别是在无穷和无穷小量问题上含糊其辞，有时候是零，有时候是有限的小量。这导致了第二次数学危机的产生。直到19世纪，才由法国数学家柯西和德国数学家维尔斯特拉斯（Karl Weierstrass，1815—1897）进一步严格化，使极限理论成为微积分的坚实基础，并不断发展完善。下面，我们来分别介绍牛顿和莱布尼茨。

牛顿

1642年1月8日，伽利略在佛罗伦萨附近的阿尔切特去世。距离伽利略的第一个忌日差四天，即1643年1月4日[1]，

---

[1] 英国要到1752年才采用罗马教皇格列高利十三世于1582年颁布的公历，因此牛顿生前他的生日一直按旧历记载为1642年圣诞节。

科学革命的顶峰人物、数学家兼物理学家牛顿出生在英格兰林肯郡的伍尔索普。他是一个早产的遗腹子，父亲在他出生前三个月便已去世。牛顿出生时很瘦小，身体孱弱，但他活到了84岁。后来，牛顿选择伽利略的研究方向，即用数学方法来研究运动的轨迹，并取得丰硕的成果。

牛顿肖像（1689）

　　牛顿两岁那年，母亲改嫁给邻村一位年老而富有的牧师，把他留给祖母抚养。母亲后来又生了两个弟妹，在他十岁继父去世以前，母亲与牛顿几乎没有来往。这种幼时的创伤，通常会导致精神疾病。牛顿对继父十分厌恶，他入读剑桥后，有一次在礼拜堂向神父做忏悔时，曾用速记列出自己的罪过："我曾想放火烧死我的母亲和父亲，让他们葬身于烧毁的房屋。"我们可以推测，牛顿在科学方面创造性的探索和研究，很大程度上治愈了他的心理疾病。

　　小学毕业以后，牛顿到离家十多公里的小镇格兰瑟姆上中学，他以其机械和工艺才能以及实验手段留下一些轶事，还学会了制作钟、日晷、水车和风车等。回到村里，他制作的带有灯具的风筝使得容易轻信的村民颇为惊讶，能把麦子磨成雪白面粉的石磨则取悦了他们。此外，他还博览群书，并做了许多笔记。牛顿在中学里已熟练掌握了拉丁文，但在数学方面尚停留在一知半解的水平。

母亲第二次孀居以后，决定将自己现有的富足家业交给大儿子牛顿管理。但是很快她就发现，这样对牛顿和家庭来说都是灾难，他不懂得农庄里的杂事，更不懂得管理，宁愿躺在苹果树下看书。幸好这个错误被及时纠正，他被送回已经上过几年学的中学继续学习，以便将来上大学。事实上，牛顿后来能上学费不菲的剑桥大学三一学院，得益于母亲的第二次婚姻和继父的突然去世，以及中学校长的不懈努力和见多识广的舅舅的建议。

牛顿在格兰瑟姆念书，以及后来为入剑桥准备的日子里，寄宿在药剂师克拉拉家里。一次他在房东的顶楼上意外地发现了一包旧书，贪婪地读完了它们。他还喜欢上克拉拉前妻的女儿斯托丽，在他18岁离开故乡去剑桥读书前夕，他们订了婚。斯托丽是牛顿一生唯一爱过的女人，虽然在她生前他一直对她怀有深厚的情意，但是离开和对研究工作的日渐专注，使得这段爱情无疾而终，斯托丽后来嫁给了别人，而牛顿则终身未娶。

1661年，牛顿进入剑桥大学三一学院，由于他中学曾辍学，年龄略大于同班同学。那时如今被称为"科学革命"的运动已蓬勃地开展，从哥白尼到开普勒等天文学家完善了宇宙的太阳中心论。伽利略提出的基于惯性原理的自由落体运动定律，已成为新力学的基础。笛卡尔已开始为自然界提供新的概念和方法，他认为自然界是复杂的，不以人的意志为转移。可是，包括剑桥在内的大学教授们固守亚里士多德的顽固堡垒，仍坚持宇宙的地球中心论，只是从定性而非定量方面研究自然界。

与那个时代成千上万其他大学生一样，牛顿在他的大学

牛顿塑像。作者摄于剑桥大学三一学院

之初，也沉醉于亚里士多德的学说。但是后来，他从社会传闻中渐渐听说了笛卡尔的新哲学，它与亚里士多德的观点恰好相反，认为现实的物质世界是由运动着的粒子组成的，自然界的一切现象都是由这些运动着的物质粒子的相互机械作用产生的。1664 年的一天，牛顿在他的"问题笔记"上写道："柏拉图是我的朋友，亚里士多德是我的朋友，但我最亲爱的朋友是真理。"可以说，牛顿的科学事业从此起步了。

虽说那时牛顿的"问题笔记"中尚未出现数学，但他已经开始学习笛卡尔的《几何学》，领会用代数方法解决几何问题，之后他又转向欧几里得的经典几何学。不到一年，他已经掌握了几何学的精髓。当牛顿于 1665 年 4 月获得学士学位时，人们并没有意识到，这可能是高等教育史上最有效的学习过程。在没有任何导师指导的情况下，牛顿发现了新哲学和新数学，并把这些发现记载在笔记本上。

也正是在那一年，由于鼠疫（黑死病）导致英国人口大量死亡，剑桥大学放假了，并且一放就是两年。牛顿回到故乡伍尔索普，他待在家里，闲来无事，琢磨起微积分。牛顿通过研究第二运动定律中动量的变化率，发明了微分学和积分学，并建立了微积分学基本定理。他还研究圆周运动问题，应用于行星，导出了平方反比关系，即行星所受径向引力随其与太阳距离的平方而减少，后来被归纳为万有引力定律，在这方面同时代的同胞物理学家胡克与他有优先权之争。

1667 年，剑桥大学复课，牛顿回到母校，不久当选为三一学院研究员（院士）。两年以后，他的老师巴罗让出了卢卡斯讲座教授职位。之后，牛顿陷入了无休止的争论，这主要是因为他在光学和炼金术（化学）方面的一些发现。后来，在牛津天文学家哈雷的鼓励下，牛顿总结了自己在天文学和动力学方面的发现，写成巨著《自然哲学的数学原理》（以下简称《原理》）。1687年，哈雷出资将其出版。据说胡克希望牛顿能在书的序言里稍微"提一下"他的工作，结果被拒绝。

《原理》的出版，使得牛顿成为世界性的显赫人物。稍后当国王詹姆斯二世试图把新教气氛浓厚的剑桥大学天主教化，牛顿领导一批同事成功地进行了抵抗。这件事让牛顿与政界有了密切接触，1696年，他被任命为皇家造币厂厂长，不过仍保留剑桥的职位。直到1701年，他才迁居伦敦。至此，他在科学方面的创造性工作基本结束。在伦敦，可能是童年忧郁症的又一次显现，牛顿再次面临精神崩溃的边缘，他主动写信给仅有的几位朋友声明绝交。

幸运的是，有两件事分散了牛顿的注意力。一是造币厂厂长（后来又晋升为造币局副局长、局长）的职位本是一份闲

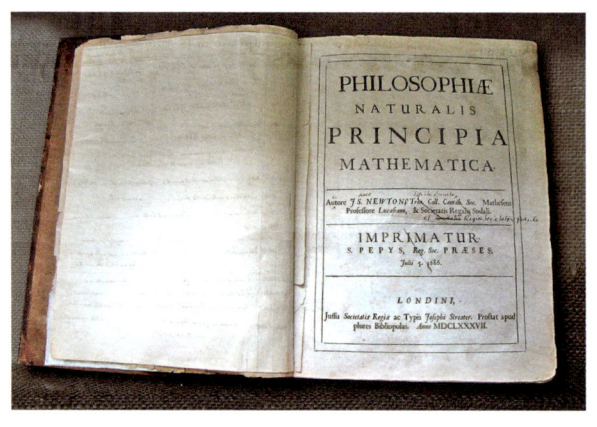

牛顿自存的《自然哲学的数学原理》扉页，上面有他自己的修改

职,而牛顿却十分投入,除了铸造新币,他还积极防止和辨识伪币,把多位伪币制造者送上断头台。二是在宗教和神学方面牛顿找到了感兴趣的事,例如,他发现《圣经》中三位一体的描述是后人篡改过的,并非原文。但牛顿只将此发现告诉了哲学家洛克,并没有公开发表,因为他害怕争论。

在《原理》这本书里,牛顿虽然赋予上帝创世

伦敦威斯敏斯特教堂里的牛顿墓

之功,却限制了上帝在日常生活中的作用。事实上,由于理性地位的提高,人们对上帝的信奉不再那么虔诚。正如柏拉图相信上帝是一位几何学家,牛顿也认为上帝是一位优秀的数学家和物理学家。牛顿力学对传统神学世界观的冲击,助长了一种新兴的神学或哲学观点——自然神论。"神创造了这个世界却不照管护理,任其发展。"对于自然神论的信徒来说,自然就是上帝,而牛顿的《原理》就是《圣经》。

莱布尼茨

牛顿出生3年后,在英吉利海峡和北海的另一边,全才的德国人莱布尼茨降生在莱比锡。他是一位柏拉图主义者,一位

举世闻名的数学家和哲学家,也是一位训练有素的律师;他是政治活动家、职业外交官,也是矿业工程师和发明家,还是一位历史学家和图书馆馆长。所有这些头衔,构成了他极不平凡的一生,但他本质上仍是孤独的。

有一套六卷本收入了莱布尼茨的部分著作,说明他兴趣广博:

莱布尼茨肖像(1695)

神学;
哲学,及其在科学方面的工作;
数学;
中国历史和哲学;
外交;
语言学和词源学论文。

相比牛顿,莱布尼茨的家庭绝对是书香门第。他的父亲是莱比锡大学的哲学教授,老年得子,在他6岁那年去世。随后,他的母亲致力于培养和教育唯一的儿子和他的姐姐。8岁那年,莱布尼茨便能阅读一位寄宿生留下的拉丁文著作。不仅如此,他还认真浏览了父亲留下的许多著作。莱布尼茨后来声称,他是通过自学得以成才的。

莱布尼茨15岁进入父亲任教过的莱比锡大学学习哲学,后来又选修了法学。他开始接触到近代哲学(就当时来说应是当代哲学），随后必须在近代哲学与他在中学时代颇感兴趣的亚里士多德逻辑学所代表的经院哲学之间选择。在莱比锡一座公园散步时，莱布尼茨做出决定，毅然决然地选择了近代哲学。为此，他必须学习和研究数学。

20岁那年，莱比锡大学以莱布尼茨过于年轻为由，拒绝授予他法学博士学位。而按照黑格尔的说法，莱布尼茨被拒绝是因为他的知识过于渊博。之后，他转学到纽伦堡的阿尔特多夫大学，翌年在那里通过了博士论文答辩，论文的题目是《论法律中的一些棘手案例》。但是，当阿尔特多夫大学提供莱布尼茨教授职位时，他并没有接受，而是另有选择。

原来那年早些时候，莱布尼茨遇见了美因茨选帝侯的首相博因堡男爵，年轻的莱布尼茨给男爵留下深刻而美好的印象，被邀请去担任选帝侯的法律顾问助手，同时担任男爵的图书馆馆长。从那以后，莱布尼茨一生都为贵族或君主工作。那段时间里，莱布尼茨写作并出版了不少法律和哲学方面的论著，还按照内容为男爵的藏书编写了书目，并出版了一本《物理学新假说》的著作。

除此以外，莱布尼茨还与全欧洲数以百计的智士仁人建立了通信联系，更为可喜的是，他还有保存来往信件的癖好，共有1500多封信被他保存下来。这些信件和他的私人笔记，成为后人研究他的哲学思想的重要宝库。那时法国是欧洲的主要力量，德国却被分成数百个小邦国。选帝侯和男爵担心法国会侵犯美因茨，莱布尼茨便建议向路易十四进献计谋，让他去攻打埃及，以分散其注意力。结果计谋被采纳，莱布尼茨被派往巴黎。

正是在巴黎的4年里，莱布尼茨完成了包括微积分在内的数学发现。这让作者想起南宋数学家秦九韶,他在湖州三年丁忧期间,写成了《数书九章》,其中包含闻名遐迩的中国剩余定理和秦九韶算法。在莱布尼茨抵达巴黎之初,他的数学基础尚显薄弱,那时德国的数学也远远落后于法国。幸好他遇见荷兰来的数学家兼物理学家惠更斯,莱布尼茨虚心地向他学习,潜心研究,而对他赴巴黎的初衷并不用心,也没有结果。

第二年年初,莱布尼茨被派往伦敦,陪同在那里访问的选帝侯侄儿。他带去自己发明的一台可以做乘除计算的机械计算机,让数学同样落后的英国人大开眼界,他也因此被聘为英国皇家学会外籍会员。在此之前,法国人帕斯卡尔发明了可以做

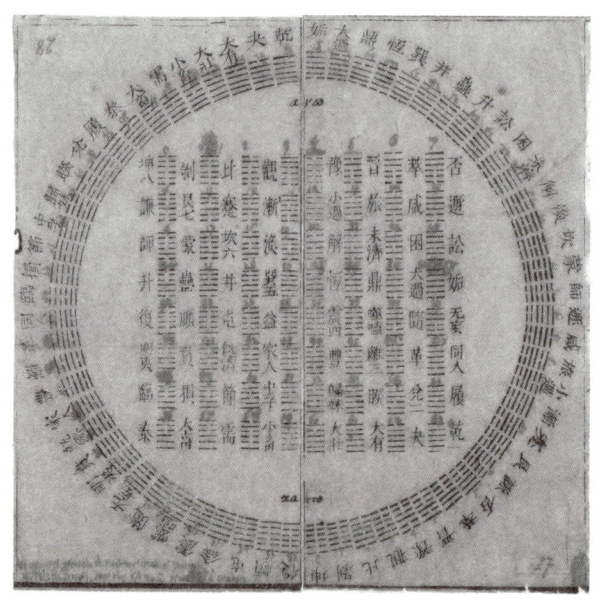

莱布尼茨收藏的《易经》卦图
中间的阿拉伯数字是他写上的

加减运算的计算机。与帕斯卡尔帮助税务员父亲的目的不同，莱布尼茨制作计算机的动力来自霍布斯，这位英国哲学家曾说过，一切推理皆计算。

在伦敦旅行期间，莱布尼茨还发现了一个数学奥秘，就是用无穷级数表示圆周率，他得到了

$$\frac{\pi}{4}=1-\frac{1}{3}+\frac{1}{5}-\frac{1}{7}+\frac{1}{9}-\frac{1}{11}+\cdots$$

有了这一公式，自古以来关于圆周率精确值的人为计算竞争就结束了，这方面祖冲之曾领先世界九百多年。尔后人们又发现，在莱布尼茨之前，印度人马德哈瓦（Madhava of Sangamagrama）和苏格兰人格里高利（James Gregory，1638 — 1675）已先后得到了上述公式。

不幸的是，莱布尼茨的英伦之行因选帝侯突然去世而告终。在此以前，博因堡男爵也已病故，莱布尼茨在一个冬天里失去了两位赞助人。他返回巴黎，又逗留了三年，男爵夫人（可能还有选帝侯的继承人）对他仍有资助。正是在此期间，莱布尼茨完成了微积分学的发明。虽说那时笛卡尔和帕斯卡尔均已过世，但他有机会接触到他们未发表的手稿。

事实上，莱布尼茨和牛顿是各自独立发明微积分的。牛顿使用的"流数法"有运动学的背景，其推导更多是属于几何学的；而莱布尼茨则受到帕斯卡尔的特征三角形的启发，他的论证更多地应用了代数学的技巧。相比牛顿，莱布尼茨对数学形式有着超人的直觉，这使得今天的微积分学教程大多采用莱布尼茨的表述方式和符号体系，包括下列的微积分学基本定理

（牛顿—莱布尼茨公式）：

$$\int_a^b f(x)\,dx = F(b) - F(a).$$

发明微积分以后，莱布尼茨不再把时间和空间看作实体，这使得他又向单子论跨进了一步。莱布尼茨认为，宇宙是由无数与灵魂相像的单子组成的，单子是终极的、单纯的、不能扩展的精神实体，是万物的基础，这就是他著名的单子论。这意味着，人类与其他动物的区别只是程度上的不同而已。他的哲学成就还包括逻辑学和形而上学，这方面他成功地把亚里士多德的学说推进到了近代。

此外，莱布尼茨还发现了二进位制，他用 0 表示空位，用 1 表示实位，这样一来，所有的自然数都可以用这两个数的组合表示。可惜的是，他没能或无法把二进制用到他发明的乘法计算机上去。莱布尼茨还创立了优美的行列式理论，并把有着对称之美的二项式理论推广到任意个变数上。他还发现了拓扑学的基本原理，称之为位置分析，这对后来非欧几何学来说非常重要。

在莱布尼茨众多的通信对象中，有一位来自英国，那就是大名鼎鼎的牛顿。他们原本是相互欣赏的，但有一次牛顿写信告诉他自己发明了微积分，莱布尼茨回信说他也发明了，且两个人所用的方法和符号并不一样。于是，在他们生命的晚年和去世之后，一场有关个人和民族荣誉的论战打响了，而且是持久战：谁是发明者？谁又是剽窃者？结果双方毅然断绝了往来。

在物理学家爱因斯坦生命终点两个星期之前，著名的科学史家科恩[①]（Bernard Cohen，1914 — 2003）曾到普林斯顿爱因斯坦家中拜访，他们谈起牛顿和莱布尼茨之争，爱因斯坦认为那是虚荣心作祟，许多科学家身上都有这种虚荣。爱因斯坦还说："当我想起伽利略不认可开普勒的工作时，我总是感到伤心。"而微积分的优先权之争，由于欧洲大陆的其他数学家（法国人、瑞士人）站在莱布尼茨这一边，英国人损失惨重，之后的一个多世纪里，他们的数学和科学研究停滞不前。

至于莱布尼茨本人，他的后半生并不完全幸福。在两位赞助人去世三年后，汉诺威公爵向他伸出了橄榄枝，邀请他担任编年史官和图书馆馆长，莱布尼茨移居德国北方。作为一名享誉欧洲的科学家和哲学家，他受到英国以外各国王室的礼遇，有着频繁而令人艳羡的国际旅行。然而，莱布尼茨却与他的对手牛顿一样，终生未婚。不仅如此，汉诺威偏偏与英国联姻，共有一个国王，这使得莱布尼茨的晚年尤为孤独。依照苏格兰出生的美国数学家兼数学史家 E. T. 贝尔（E. T. Bell，1883—1960）的描述，莱布尼茨最后下葬在一座普通墓地，当时只有他的秘书

莱布尼茨骨冢。作者摄于汉诺威

---

① 科恩是美国第一个科学史博士（1947，哈佛），指导老师是有着"科学史之父"美誉的比利时人乔治·萨顿（George Sarton，1884—1956），科恩的代表作有《科学革命》。

和挥舞铁铲的工人听到泥土落在棺木上发出的声音。

综上所述,德扎尔格建立了射影几何学,并回答了文艺复兴时期意大利画家阿尔贝蒂提出的问题;笛卡尔发明了坐标系和解析几何,同时开启了新哲学和新方法。费尔马发现的自然数奥妙本身带有美学和艺术气质,而帕斯卡尔的散文集《思想录》展现了恒久的文字和智慧之美,他们两人的通信则奠定了概率论这门新兴学科。牛顿和莱布尼茨独立发明了微积分,随后各自沉湎于艺术的外延——神学或单子论世界,同时分别建立了二项式定理和二进制学说。

如同怀特海所指出的:"纯粹数学是人类心灵最富创造性的产物。"说到心灵,这是一个看不见的器官,是动物在生物学的层面与植物相区分的分界线。心灵是难以琢磨的,它存在于我们的头脑、心脏和肌肤里,既是生命场,又是能量场和情感场。每当我们把心灵投射出去,让它包围自然界的某些物体,这些物体便呈现某种性质,这些性质并不属于物体本身,而纯粹是心灵的产物。美出自心灵,"数学王子"高斯说过,"数只是我们心灵的产物",在他看来,数论是"数学的女皇"。近代中国思想家梁启超先生曾说过:"学以保其心灵,医以保其躯壳。"(《医学善会叙》)无疑,天才的世纪是对心灵的一次盛大的释放。

第四章

数学与音乐

> 这个世界可以由音乐的音符组成，
> 也可以由数学的公式组成。
> ——[瑞士/美]阿尔伯特·爱因斯坦

> 难道不可以把音乐描述为感觉的数学，
> 而把数学描述为理智的音乐吗？
> ——[英]詹姆斯·西尔维斯特

在世界主要文明中，唯有德意志民族的起源不详，他们确切的史料起始于公元前半个世纪罗马人的征讨。其时日耳曼各部落已在莱茵河以西定居，并已南达多瑙河地区。罗马人长驱直入，轻松地将他们赶往莱茵河东岸。即便到了 16 世纪，日耳曼人仍是一盘散沙，整个民族处于分裂和混乱之中。后来，由于普鲁士的崛起，日耳曼民族才变得强大起来。1871 年，德意志联邦正式成立，并定都柏林。但是，南部最大的邦国奥地利和瑞士的大部分地区以及卢森堡仍在联邦之外。

与此同时，莱布尼茨的出现开启了近代德国的科学和哲学，他在文理两大领域所取得的伟大成就和巨大的影响力赋予大器晚成的德意志民族智力上的自信。自那以后，又接连诞生了康德（Immanuel Kant，1724—1804）、费希特、黑格尔、谢林、叔本华等大哲学家，德意志思想界可谓群星璀璨。而在科学方面，德意志的兴盛要略迟一些，不过，在"数学王子"高斯、黎曼（Bernhard Riemann，1826—1866），尤其是克莱因和希尔伯特为首的哥廷根学派出现以后，世界数学中心也从法国转移到了德国，从巴黎转移到了哥廷根。

说起来，数学和哲学分别是自然科学和人文社会科学中最抽象的两门分支学科，这可能与德国人有着较强的思维能力有关，他们生活在欧洲北部内陆，在没有供暖设备的年代，一年中有许多时光待在自己的屋子里，养成了沉思默想的习惯。而在艺术领域，最抽象的无疑要数音乐了，这也是德意志人擅长的一门技艺，从"音乐之父"巴赫到"维也纳古典乐派"的三大作曲家海顿（Joseph Haydn，1732—1809）、莫扎特（Wolfgang Mozart，1756—1791）、贝多芬（Ludwig van Beethoven，1770—1827），均是德意志人。

有趣的是，本章两位主人翁高斯和巴赫的出生和成长，恰好围绕着德国中部同一座低矮的名山——哈茨山。而在他们之后，德意志民族分别产生了令世人艳羡的哥廷根数学学派和维也纳古典乐派。

哈茨山风景画（1852）

1 —— 高斯

大学城哥廷根

哥廷根又译哥廷根,是德国下萨克森州的大学城。哥廷根位于哈茨山西麓,小巧的莱讷河(Leine)流经此城。这条河流与欧洲鼎鼎大名的莱茵河(Rhine)发音有些像,可是搜索"哥廷根",说是莱茵河的支流莱讷河流经此城,就有些荒唐了。事实上,莱讷河流过哥廷根和汉诺威之后,向北注入阿勒尔河,阿勒尔河再向西北,在德国第二大港不莱梅东南注入威悉河。因此,莱讷河是威悉河支流的支流,与莱茵河毫不相干。威悉河与莱茵河一样,是德国运输的大动脉,它们各自流入大西洋,前者入海处在德国境内,而后者是一条发源于瑞士的国际河流,入海处在荷兰境内。

哈茨山是德国中部名山,分开了易北河和威悉河,最高峰布罗肯峰海拔 1142 米,是德国北部最高峰,仅次于南部的阿尔卑斯山。哥廷根东郊往哈茨山的方向有一片很大的草地叫席勒草坪,是大学城里的人周末郊游踏青的好去处,只是不知道他与剧作家席勒有何关系。如果以校友诗人海涅或者另一位大诗人歌德的名字命名,倒是更合适,后者曾经作为交换生,从斯特拉斯堡来哥廷根度过一段时间。在 18 世纪中叶,哥廷根还有过名为"林苑诗派"(1740—1780)的文艺团体,林苑是哈茨山麓的一片森林,可见这座山给哥廷根人带来无数灵感。

哈茨山长约90公里，宽约30公里，方圆面积只有在中国华北平原拔地而起的泰山的四分之一，但很有灵气和人文气息。西南方的大学城哥廷根无疑是其中的佼佼者，它为德国培养了不计其数的天才人物和栋梁之材。安徒生对哈茨山一见倾心，海涅写过《哈茨山游记》，歌德也写过《东游哈茨山》，他的名作《浮士德》更是描绘了哈茨山一年一度的魔鬼狂欢节。书中写道：四月的最后一个夜晚，各地的魔怪和女巫会集此山，他们登上布罗肯峰，燃起盛大的焰火。在梅菲斯特的引领下，浮士德来到哈茨山，得以领略这一魔怪的盛会。今天，那里仍有女巫小径、女巫之城和女巫跳舞的广场等景点。

哈茨山的南边图林根州的小城爱森纳赫是音乐家、有着"音乐之父"美誉的约翰·萨巴斯蒂安·巴赫的诞生地。这座城市的人民酷爱音乐，据说古城门上刻着"音乐常在我们的市镇中照耀"的字样，中世纪时吟歌者经常手执竖琴，在此吟唱诗歌并举行歌唱比赛，瓦格纳据此写下了名歌剧《唐·豪塞》。而哈茨山的北边，与爱森纳赫地理上对称的不伦瑞克，则是"数学王子"高斯的出生地。他们两人刚好是本章要介绍的中心人物。一个被赞为"音乐家中的数学家"，另一个的数学发现和理论有着音乐之美。

哥廷根最早见诸史册是在公元953年，1210年建市。13世纪逐渐形成的"汉萨同盟"曾在14世纪达到鼎盛时期，哥廷根是它的一个成员，一度十分繁荣。这个同盟以德意志北部为基地，先后有160多座欧洲城市加入其中，从伦敦到俄罗斯的诺夫哥罗德，它都建立了商站，且拥有武器和金库，几乎垄断了波罗的海地区的所有贸易。15世纪，汉萨同盟开始衰落，到

哥廷根的"肚脐" 　　哥廷根的标志——牧鹅少女塑像

1669年最终解体。今天，德国最大、世界第四大的航空公司仍叫 Lufthansa，德文本意是"空中的汉萨"。

哥廷根如今只是萨克森州的一个区，在历史上却是汉诺威王国的组成部分，后者是德意志民族仅次于奥地利、普鲁士和巴伐利亚的第四大邦国。17世纪末，汉诺威成为神圣罗马帝国的选侯国，其国王（诸侯）奥古斯特一世成为第九个也是最后一个有权被选举为罗马皇帝的选帝侯。汉诺威也曾长期与北海对岸的英国联姻，并因对方无子嗣，连续五位国王移驾伦敦兼任英国国王，包括乔治二世，正是他（受牛津和剑桥启发）下令创建了哥廷根大学，那是在1734年。可以说，哥廷根大学是"一夫一妻制"催生的，而后一项制度原本是王权和教权博弈的产物。

王权和教权之争由来已久，以 11 世纪克吕尼改革运动期间教皇格列高利七世和神圣罗马帝国皇帝亨利四世之间的冲突为最甚。1077 年初，被教皇废除王位的亨利四世冒着风雪严寒从德国前往意大利北部的卡诺莎城堡，向格列高利七世"忏悔罪过"。三天三夜之后，皮鞋手工制作之家出身的教皇才给予皇帝一个额吻表示原谅。此后，"卡诺莎之辱"在西方成为屈辱投降的代名词。最后，不甘罢休的亨利四世卷土重来，率兵攻克罗马，另立教皇。格列高利七世还曾宣布婚礼为天主教"七圣事"之一，至于正式颁布"一夫一妻制"，应该是 1545 年至 1573 年在意大利特兰托召开的天主教大会上，用意也是限制王权。

起初，哥廷根大学以国王的名字命名，叫乔治·奥古斯塔大学。建校 40 年以后，哥廷根学者云集，成了德意志学术、科学和文化的中心。而在高斯担任数学教授和天文台台长以后，哥廷根变成全世界数学家心目中的"麦加"。量子力学之父、物理学家普朗克（Max Planck，1858 — 1947）也曾长期执教哥廷根，直到逝世。他在德国科学界德高望重，被选为威廉皇帝协会会长。战后，为了纪念普朗克，威廉皇帝协会改名为马克斯·普朗克科学促进协会，中文简称"马普协会"，相当于其他国家的国家科学院，下辖 50 多个研究所。

数学王子

1777 年 4 月 30 日，卡尔·弗雷德里希·高斯出生在下萨克森州不伦瑞克市郊外，如今那里已是市区。他的家庭世代务农，父亲是普通劳动者，做过石匠、纤夫和花农。与牛顿一样，高斯家族里没有出过一个出类拔萃的人。高斯的母亲34岁出嫁，是她丈夫的第二个妻子，做过女仆，没受过教育。她甚至把独生儿子的生日都给忘了，只记得是礼拜三，在耶稣升天节（复活节40天以后的第一个星期四）前8天，高斯的生日是他后来自个儿算出来的。

高斯肖像（1840）

与牛顿一样，高斯也有一个懂事理的舅舅，他是个技艺娴熟的纺织工人，能织出最好的锦缎。他最早认识到外甥的优异天赋，高斯的母亲也因此对儿子抱有很大的期望。高斯两岁时，便发现了父亲账簿上的一处差错。9岁那年的一个故事尽人皆知：小学老师为了让班上的孩子有事做，让他们从1加到100，高斯几乎立刻得到了正确答案5050，却没有验算过程，因为他在头脑里把头和尾的数依次组对相加，得到50对和为101的数。高斯在晚年甚至宣称，他在学会说话之前，就学会计算了，还说他问了大人如何发音，就能自己学着看书了。

高斯的早熟引起了不伦瑞克公爵费迪南的注意，这位公爵的名字也叫卡尔，高斯14岁时第一次见到了他，高斯的朴实和羞怯赢得了公爵的心，他决定资助这个孩子。第二年年初，高斯进了卡洛琳学院（现不伦瑞克技术大学），三年后，18岁的高斯进了哥廷根大学，开始了他极其辉煌的一生。就在上大学的那年，高斯发明了最小二乘法，这是一种简便的计算法，可以快速求得未知的数据，使它们与实际数值之间误差的平方和最小。高斯后来把这一方法用于大地测量学，并帮助找到人们普遍关心的第一颗小行星，后一项工作使得高斯的声望超出学术圈，成为公众人物。这项工作是高斯对观察误差理论感兴趣的开始，如今，高斯正态分布和它钟形的曲线是被广泛应用的统计学的标志性成果。

1796年3月30日，当高斯差一天满19岁的时候，他对正多边形的欧几里得作图理论（只用圆规和直尺）做出惊人的贡献，发现了它与费尔马素数之间的秘密关系。特别地，他给出了作正17边形的方法，从而解决了有着两千多年历史的数学悬案。仅仅9天以后，高斯便发展了同余理论，首次证明了二次互反律，即对于任何不同的奇素数 p 和 q，均有

$$\left(\frac{p}{q}\right)\left(\frac{q}{p}\right)=(-1)^{\frac{p-1}{2}\frac{q-1}{2}}$$

此处（–）是勒让德符号，这个具有对称之美的计算公式被高斯视为"算术的宝石"，这样一来，就彻底解决了二次同余式的可解性判断问题。一个月以后，高斯给出了被后人称为素数定理的猜测，设不超过 x 的素数个数为 $\pi(x)$，则它的近似值是

$$\pi(x) \sim \frac{x}{\log x}$$

这个猜想直到100年以后才被法国数学家阿达马和比利时数学家泊松独立证明，轰动了世界，并被誉为"19世纪的数学成就"，正如费尔马大定理的证明被视作"20世纪的数学成就"。

又过了 50 年，一位挪威数学家和一位匈牙利数学家用初等方法各自给出新的证明，他们分别获得了菲尔兹奖和沃尔夫奖。

1796 年是高斯的"奇迹年"，从发现正 17 边形的作图方法那天开始，高斯用极其简单的方式记日记。那年 7 月 10 日，他的日记只有一行：

$$num = \Delta + \Delta + \Delta \quad \text{Eureka！}$$

意即每个正整数均可表示成三个三角形数之和，这是 17 世纪法国数学家费尔马的猜想。形数是古希腊数学学派毕达哥拉斯学派定义和研究的对象，三角形数是指可以排成三角形状的整数，0，1，3，6，10，15，21，28……保龄球的木瓶（10 个）和斯诺克的目标球（21 个）排列均为三角形数。不难推出，这个问题等价于，形如 8n+3 的奇数可以表示成三个正整数的平方和。例如：

$$3 = 1^2 + 1^2 + 1^2, \quad 11 = 1^2 + 1^2 + 3^2,$$
$$19 = 1^2 + 3^2 + 3^2, \quad 27 = 1^2 + 1^2 + 5^2.$$

与其他历史悠久的问题一样，要想证明这个看似简单的猜想很不容易。年轻的高斯做到了，"Eureka"（"找到了"）正是阿基米德在浴缸里悟出浮力定律时说过的话。

1801 年，24 岁的高斯出版《算术研究》，费迪南公爵资助了印刷费。法国大数学家拉格朗日在巴黎读到后立刻致函祝贺："您的《算术研究》已立刻使您成为第一流的数学家。"后辈德国同胞克罗内克（Leopold Kronecker，1823 — 1891）则赞其为"众书之王"。翌年，高斯当选圣彼得堡科学院外籍院

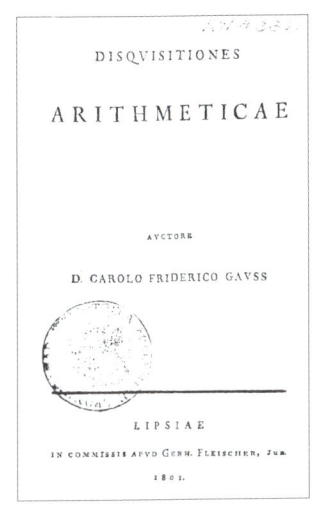
高斯《算术研究》初版(1801)

数学家克罗内克

士,4年以后,他被哥廷根大学破格提拔为教授并担任天文台台长。而在那个世纪之末,德国数学史家莫里茨·康托尔(Moritz Cantor,1829—1920)写道:

《算术研究》是数论的宪章。高斯总是迟迟不肯发表他的著作,这给科学带来的好处是,他付印的著作在今天仍然像第一次出版时一样正确和重要。他的出版物就是法典,比人类其他法典更高明……

就像莫扎特一样,高斯年轻时风起云涌的奇思妙想使得他来不及做完一件事,另一件又出现了。更难能可贵的是,高斯初出茅庐,就已经炉火纯青了,而且以后的50年间,一直保持这样的水准,他在数学、物理学和天文学等诸多方面都有非常

第四章 数学与音乐 179

重要的贡献。与艺术家一样,高斯希望他留下的都是十全十美的艺术珍品,丝毫的改变都将破坏其内部的均衡。他喜欢说:"当一幢建筑物完工时,应该把脚手架拆除干净。"高斯十分讲究逻辑结构,他希望在每一个领域中,都能建立起普遍而一致的理论,从而将不同的定理联系起来。鉴于这个原因,高斯并不总是很乐意公开发表他的结果。他的著名警句是:"宁肯少些,也要成熟。"

这样一来,高斯也有所失去。比如,他最重要的数学发现之一是建立非欧几何学,但他担心会引来非议,故而迟迟没有发表,最后是与两位晚辈数学家——俄罗斯的罗巴切夫斯基(Nikolas Lobachevsky,1792—1856)和匈牙利的鲍耶分享荣誉。高斯的另一项几何学成就是内蕴微分几何,也没及时发表,后来他与法国数学家博内分享荣誉。高斯在研究曲面测地学时,证明了关于测地线构成的三角形的著名定理:设 K 是曲面上可变化的曲率,则该曲率函数在三角形 A 上的积分为

$$\iint_A KdA = a_1 + a_2 + a_3 - \pi$$

此处 a_1,a_2,a_3 为测地三角形的三个内角值。由这个公式可见,三角形的内角和并不总是等于 π(180 度)。这便是著名的高斯—博内公式,我国数学家陈省身(1911—2004)最重要的工作正是给出高维(偶数维)黎曼流形上高斯—博内公式的内蕴证明。

高斯所处的时代,正是德国浪漫主义盛行的时代。高斯受时尚的影响,在其私函和讲述中,充满了美丽的辞藻。高斯说过:"数学是科学的皇后,而算术(数论)是数学的女王。"

那个时代的人们也开始称高斯为"数学王子"。有意思的是,高斯留下来的几幅肖像画也颇具王者之气。高斯曾谈道:"任何一个花过一点功夫研习数论的人,必然会感受到一种特别的激情与狂热。"在他心目中,数学,尤其是纯粹数学,也像文字、音符和图像一样,具有一种不可抗拒的美。这也是为何他要放弃早年喜爱的语言学,转向研究数学。与帕斯卡尔、笛卡尔、牛顿和莱布尼茨这几位前辈不同,他们都在晚年转向哲学或宗教研究,而高斯终其一生不需要这些,可能在他的心目中,已经有了最纯粹、最本质的艺术——数学。他本人的数学发现和理论尤其简洁、抽象而深刻,有着音乐之美。

哥廷根天文台,从高斯到黎曼都曾在此居住。作者摄

哥廷根学派

高斯对数有着非凡的记忆力和洞察力,在数学领域他既是一个深刻的理论家,又是一个杰出的实践家。可是,高斯却非常讨厌教学,因此他只有少数几个学生。高斯去世以后,他的学生还没有人有足够的影响力能够继承他的职位。最后,从柏林大学聘请来了狄里克莱(Peter Dirichlet,1805—1859),早年他因为高斯的冷漠而留学巴黎。狄里克莱最为人称道的研究成果是证明了算术级数上存在无穷多的素数,为此他引进了狄里克莱特征,把素数从自然数中分离出来。

著名的狄里克莱 L 函数即建立于这一特征之上,这个函数贯穿于解析数论和如今赫赫有名的朗兰兹纲领中。值得一提的是,狄里克莱夫人是音乐家门德尔松的妹妹,擅长演奏哥哥的钢琴曲。遗憾的是,比高斯年轻 28 岁的狄里克莱继承高斯的职位仅仅 4 年,便随因中风病故的夫人而去。这一回,轮到高斯最得意的学生黎曼继承数学教授职位了,他同时也担任了哥廷根天文台台长。

黎曼(Bernhard Riemann,1826—1866)是高斯之后德国最伟大的数学家,也是有史以来最伟大的数学家之一。比黎曼稍晚的还有一位叫黎曼的德国音乐学家,他的和声学著作被认为是现代音乐理论的基础,他也是哥廷根大学的博士,后来执教于著名的莱比锡音乐学院。可是,音乐家黎曼的名声远远被数学家黎曼盖过去了,如果在网络上搜 Riemann,几乎全是数学家黎曼。黎曼的工作广泛地影响着几何学、分析学和数论等领域,他关于时空几何的独具胆识的思想,堪称天籁之声,对

哥廷根数学研究所

近代物理学的发展有着深远的影响,在很大程度上为爱因斯坦广义相对论的理论和方法提供了坚实的基础。

遗憾的是,黎曼因为从小营养不良导致体弱多病,不到40岁即患肺结核,在意大利北部的塞拉斯加疗养地去世。黎曼没有指导过任何学生,哥廷根数学的接力棒在他那里暂时被搁置了。直到26年以后,1895年,希尔伯特出任

哥廷根数学研究所走廊里的黎曼像

哥廷根数学教授,情况才出现转机,那一年刚好是高斯初到哥廷根一百周年。哥廷根迎来崭新的时代,虽说希尔伯特的个人成就并没有超越高斯或黎曼,但是他作为"数学领域最后一个百事通",加上他开放的个性和领导者的风范,以及他与师爷

（导师的导师）菲利克斯·克莱因的精诚合作，终于建立起了20世纪最著名的数学学派哥廷根学派。

1862年，希尔伯特（David Hilbert，1862—1943）出生在东普鲁士港口城市哥尼斯堡郊外，如今属于俄罗斯的一块飞地（也是面积最小的一个州），并早已更名为加里宁格勒，它的周围是波兰、立陶宛和波罗的海。虽说哥尼斯堡最伟大的公民是哲学家康德（他一生都在这座偏远小城度过），这里却与数学结下不解之缘。普莱格尔河快到入海处时流经此城，河上的一座岛屿与两岸（实为三岸，因为是两河汇合处）有七座桥相连，于是产生了一个著名的数学问题：假设一个人每一座桥只能经过一次，能否把所有桥走遍而回到原地？这个看似简单的数学问题其实并不容易，后来被远在他乡的数学家欧拉给解决了。欧拉持之以恒的通信者哥德巴赫（Christian Goldbach，1690—1764）也是哥尼斯堡人，而引导希尔伯特走上数学之路的则是同城比他小两岁的男孩闵可夫斯基（Hermann Minkowski，1864—1909），他后来曾是爱因斯坦的大学数学老师，并与希尔伯特相聚于哥廷根。

1884年，希尔伯特在故乡的哥尼斯堡大学获得博士学位，后留校任教，9年以后晋升为教授。希尔伯特在大学期间，就因为表现优异去过许多城市游学，包括莱比锡、柏林和巴黎，结识了那些地方的数学前辈和同行，诸如庞加莱、克莱因、若尔当、埃米尔特和克罗内克等大家，这为他后来在哥廷根招募各路英才、竖起一面数学大旗打下了良好的基础。1900年，希尔伯特应邀在巴黎国际数学家大会上做了题为"数学问题"的特邀报告，列举了23个数学难题，涉及那个年代几乎所有的研究

希尔伯特头像。作者摄于哥廷根

希尔伯特之墓。作者摄于哥廷根

领域,由此对 20 世纪的数学发展产生了巨大影响。

希尔伯特众多的杰出弟子中,我们不得不提及外尔(Hermann Weyl,1885—1955)和库朗(Richard Courant,1888—1972),两人前后相隔两年获得博士学位。外尔主要研究几何学和物理学,在哲学领域也颇有建树,这三方面他都受到老师的熏染。外尔曾这样称颂恩师:"他吹奏出了甜蜜的芦笛声,诱惑许多老鼠追随他跳入数学的深渊。"希尔伯特退休时,外尔回到母校接替恩师,后来战争的阴云笼罩欧洲,他去了美国,加入刚组建的普林斯顿高等研究院,帮助后者取代哥廷根,成为世界的数学中心。而库朗读书时便是导师的助理,帮助处理一些行政事务,后来他去了纽约大学,受命组建如今以他命名的库朗数学研究所。这两处加上陈省身建立的伯克利数学研究所,堪称西半球三大数学圣地。陈省身虽说没有在哥

数学家外尔

哲学家弗雷格

廷根求过学,却也是在德国(汉堡大学)获得博士学位,并且与外尔亦师亦友。

前文提到,由于德国冬天漫长,天气寒冷,人们在家里的时间比较多,他们善于独立思考和抽象思维,在数学、音乐和哲学领域都产生了许多杰出的人物。不仅如此,德国数学家和音乐家大多富于哲学思想或思辨能力。例如,数学的哲学基础有三大流派,其中逻辑主义的创始人是任教于耶拿大学的德国哲学家、哥廷根大学数学博士弗雷格(Friedrich Ludwig Gottlob Frege,1848 — 1925),他的事业后来由英国人罗素继承,直觉主义和形式主义也都有德国人参与并领导,克罗内克和外尔是直觉主义的先驱和骨干,而希尔伯特提出了形式主义的纲领。外尔在希尔伯特指导下获博士学位,在导师退休以后从苏黎世返回哥廷根接替他的职位。克罗内克在柏林大学获得博士学位后曾经有8年时间回故乡经营家族企业,后来回母校义务任教,他曾婉谢去哥廷根继任黎曼的职位。克罗内克的名言是:"上帝创造了自然数,其余都是人造的。"

2 —— 巴赫

音乐之父

现在,我们把目光从哈茨山西南麓的哥廷根转向正南的爱森纳赫,那座小城隶属图林根州。图林根位于德国中央,是个只有两百多万人口的小州,却是欧洲最负盛名的宗教领袖马丁·路德的故乡。他出生在图林根,在州府埃尔福特念完大学和硕士,并在此做过修士。拿破仑和沙皇亚历山大一世曾在此城会晤,后者拒绝了前者对她妹妹的求婚。该州两座文化名城魏玛和耶拿享誉世界,魏玛名人荟萃,耶拿是大学城。歌德在魏玛居住了半个多世纪,这里还有席勒、尼采、李斯特和包豪斯学院等。至于"一战"之后短暂的魏玛共和国,则是历史学家的说法,只因魏玛宪法在那里起草。

1685 年 3 月 21 日,约翰·塞巴斯蒂安·巴赫出生在爱森纳赫的一个音乐世家。正是在这座依山修建的富有童话气息的小城,马丁·路德将《圣经》译成德文。爱森纳赫与音乐有着很深的渊源,中世纪时游吟诗人和宫廷乐手常在此表演和比赛,瓦格

巴赫肖像(1746)

纳的歌剧《唐·豪塞》便依此写成，此城堪称德国音乐的发祥地。巴赫的爷爷有两位兄弟是作曲家，父辈中也有几位兄弟姐妹是音乐家。巴赫是家中幼子，他的父亲是公爵府的弦乐器演奏家，教会了他弦乐器的基本知识，并带他去教堂做礼拜。教堂的管风琴师是巴赫的长兄约翰·克里斯托夫，与法国现代作家罗曼·罗兰著名的长篇小说主人公同名。

10 岁那年，巴赫的父母先后过世，他由长兄抚养。约翰·克里斯托夫教会小弟许多音乐知识，也给他上了最早的键盘乐器课。可是，虽说家中存放着祖上传下来的大批音乐资料，兄长却不许他翻阅，只因乐谱很珍惜，即便是抄写的，纸张的价格也不菲。巴赫只得趁哥哥离家外出或深夜熟睡之际，偷偷地把乐谱取下来，在月光下一笔一画地抄写。半年之后，他的视力严重受损，晚年在失明中痛苦地度过。小巴赫在当地的小学上学，在音乐上花费了很多心思，歌唱得不错，学习成绩也很优异。

1700 年，15 岁的巴赫因为嗓音好，被吕讷堡的米歇尔教堂附属学校男童唱诗班录用，来到了哈茨山北面的汉诺威小城，开始独立生活。吕讷堡便是一个半世纪以后，数学神童黎曼求学的那座汉诺威小城。巴赫靠他美妙的歌喉和出色的演奏技艺谋生，他会演奏古钢琴、小提琴和管风琴等乐器，演出之余，还进神学校念书。那里的图书馆藏有丰富的古典音乐作品，巴赫在其中汲取各种流派的艺术养分，开阔了自己的音乐视野。为了练琴，他常常通宵达旦。假日他每每步行 50 公里去汉堡，聆听名家的音乐会。

不过，少年巴赫很快就面临青春期的变声，他无法继续在

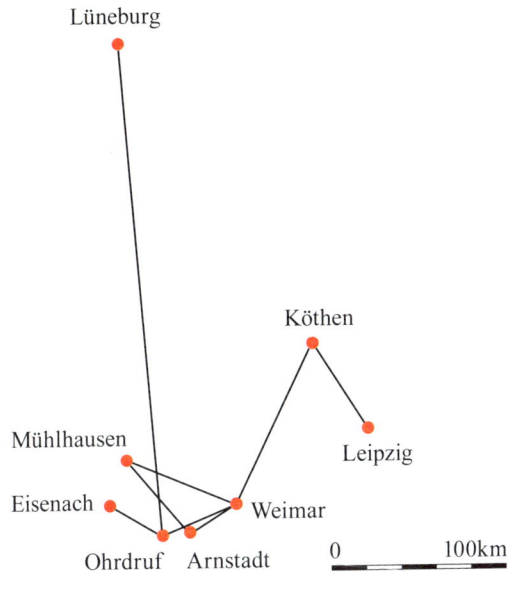

巴赫一生的轨迹

唱诗班演唱了。1702年夏天,巴赫回到图林根,此时的他已是一位挺不错的管风琴手了。更重要的是,吕讷堡的经历使得他脱离家族的弦乐演奏传统,逐渐成长为一位键盘音乐的演奏家和宗教音乐的作曲家了。翌年春天,他成为魏玛公爵的乐队成员,但这份工作只是临时过渡,他瞄准了阿恩斯特教堂新安装的管风琴,渴望成为管风琴师。在被邀请去做调试以后,巴赫果然得到了那份工作。阿恩斯特位于图林根州府南边的森林边缘,他在那里生活了4年,把南方的形式主义风格与北方的狂想曲派较好地融合在一起。

有一年秋天,巴赫利用假期,步行300公里到汉堡东北的波罗的海港口、汉萨同盟的总部所在地吕贝克,回来晚了将近两个月，加上之前曾与一位演奏大管的同事吵架，引发不体面的扭打，遭到雇主的解雇。不过那会儿，巴赫已经不愁找不到工作。他很快受雇于另一座图林根小城米尔豪森的教堂，并在那里迎娶了堂姐。1 年之后，他回到魏玛，在那里又生活了 9 年。巴赫担任公爵府的管弦乐师，后来又出任乐正，他演奏了清唱剧《上帝是我的国王》，创作了大部分管风琴作品，并开始创作协奏曲，还认识比他稍年长的意大利作曲家维瓦尔第。

　　1717 年，巴赫又一次离开图林根，去萨克森—安哈尔特州的克滕，担任利奥波德亲王的乐正；但其辞职被魏玛公爵阻挠，在他被关押狱中将近一个月以后，终于获准。在克滕的 6 年是巴赫一生的黄金时代，他创作了被誉为"键盘乐的《旧约圣经》"的《平均律钢琴曲集》上部和在管弦乐发展史上有里程碑意义的《勃兰登堡协奏曲》等大量出色的世俗和宗教音乐。《勃兰登堡协奏曲》一共六首，展示了绚丽多彩而富独创性的对比、华丽而高超的复调手法，是巴洛克协奏曲的典范，也是巴赫最好的管弦乐作品，被后辈同胞瓦格纳赞为"一切音乐中最惊人的奇迹"。

　　据音乐史家考证，这组协奏曲原本是为克滕亲王而作，他会多种乐器，是巴赫的知己。1719 年冬，巴赫从克滕到柏林，曾为勃兰登堡大公演出，大公叫巴赫送作品给他，他便选了这组协奏曲，题献给大公。巴赫用了多种乐器，最少的一首也需要 7 种，而大公乐班只有 6 位乐手，结果被束之高阁。大公去世后，乐谱被廉价卖掉，幸运的是，它们到了普鲁士公爵的女儿手中，手稿才得以保存下来。倘若不是两位女子的变故，巴赫在克滕的时光应该是一生中最幸福的。先是夫人突然过世，这让巴赫陷入痛苦，接着亲王新婚，新娘是个"反对缪斯的人"。于是，巴赫便想着去莱比锡，那里也是他生命的终点。

音乐城莱比锡

莱比锡的词意是"有菩提树的地方"，它离魏玛和克滕都很近，只有几十公里。事实上，巴赫一生的活动范围很小，犹如那位在菩提树下悟道的佛祖释迦牟尼。巴赫的足迹只在德国中东部的一部分地区，可能比康德略广一些，与高斯相差无几。高斯去过一次柏林，而巴赫去过一次吕贝克，他们都没有离开过德国。这三位德国人分别是音乐家、数学家和哲学家的杰出代表，他们都不太喜欢旅行，也都擅长抽象思维。巴赫生活的范围，除了汉诺威的吕讷堡，在20世纪的相当一部分时间里均属东德的范畴，当然他游历过的汉堡和吕贝克不算在内。

1723年5月13日，巴赫在莱比锡宣誓就职，担任莱比锡城教堂乐队的乐正，他的职责是为四所教堂提供音乐演奏和吟唱。这其中，彼得斯教堂的唱诗班只领唱赞美诗，而新教堂、尼古拉教堂和圣托马斯教堂要求有多声部合唱。不过，巴赫只是在后面两座教堂担任指挥，他自己的宗教音乐也只在那里演出。巴赫第一出上演的曲目是康塔塔《穷人嗷嗷待哺》，康塔塔的本意是清唱套曲，包含独唱、合唱、重唱等，通常有一个以上的乐章，大多有管弦乐队伴奏。康塔塔最初发源于意大利，巴赫的创作使其达到高峰，他一生共写了一百多首康塔塔，既有世俗的，也有宗教的。

翌年圣诞节，巴赫演奏了《圣哉经》，这是他的代表作《b

小调弥撒曲》中的第四段，而前两段《垂怜经》和《光荣颂》在10年后才写成。这部宏大的曲子何时完成已无法考证，它出版是在1845年（巴赫身后95年），首次上演是在1934年（巴赫身后184年）。换句话说，巴赫本人从未听过，虽然宗教气息十分浓厚，但是太复杂、太大型了，已超出教堂承受的上限，故而人们往往把它搬到音乐会上演出。而随着岁月的推迟，这部作品的价值越来越高。值得一提的是，虽说当时德国已信奉基督新教，巴赫也是新教路德宗教徒，但那时德国的教堂尚未取消天主教的弥撒崇拜仪式。

在莱比锡，巴赫曾创作过五部受难曲，只有两部流传下来，其中最有名的是《马太受难曲》，它是巴赫根据《圣经·新约》里的《马太福音》创作的。讲的是耶稣被出卖、受刑、死去和复活的故事，规模宏大，使用了三个合唱队、两个各由17件乐器组成的管弦乐队、两座管风琴，外加独唱和独奏乐器。《马太受难曲》虽有一定的情节性，但是音乐所要表现的不是戏剧化的情节，而是史诗性的崇高精神。作为圣托马斯教堂的乐正，巴赫为《马太受难曲》的演出可谓费尽心机，他利用自己是莱比锡大学音乐主管的身份，动员了该校的学生合唱团，他自己家族里的音乐人才也全部参加演出。

虽说当年的演出盛况空前，但在市府机关的档案里找不到任何对它的记载和评论。巴赫在音乐里掺进了很多的世俗化感情，这种大胆的尝试并不为保守的市政当局欣赏，然而这正是巴赫音乐的价值所在。《马太受难曲》是巴赫教堂音乐的顶峰，这部作品之所以伟大，就是因为它表现的是热情、正义、崇高，歌颂的是人类的感情。可是，在巴赫去世之后，它就被人

Goldberg Variations BWV 988 – Aria

J. S. Bach
Transcription ©Joel Mayes 2004

Released under the GNU FDL license
http://www.gnu.org/licenses/fdl.html

Goldberg Variations BWV 988 – Aria (J. S. Bach)

巴赫《哥德堡变奏曲》中的咏叹调,显示他对修饰音的嗜好

们遗忘了。直到一个世纪后，才被 20 岁的门德尔松重新发现，把它搬上舞台并亲自指挥。演出结束后，巴赫"复活"了，德国成立了巴赫学会。如今，人们已发现一千多部巴赫作品，他犹如 18 世纪的瑞士数学家欧拉一样的高产，两人都在晚年双目失明。巴赫的名言是："谁像我一样的努力，谁就有我一样的成就。"

与欧拉和高斯一样，巴赫也结过两次婚，他的第二任太太是他克滕时期小号手的女儿。巴赫共生了 20 个孩子，其中一半活到了成年，长子也继承了父业。巴赫在莱比锡生活了 27 年，导致他最后死亡的病因不得而知。不过，一个英国江湖医生为他做的两次不成功的眼科手术使得他的体质下降却是事实，此人的失败病例中还包括移居伦敦的德国音乐家亨德尔。当巴赫在 65 岁那年与世长辞时，他的上司如释重负，立即着手物色新乐正。市长先生放话，"学校需要主管，而不是一位乐正"。巴赫去世后的半个世纪里，他的音乐一直无人问津，他也始终默默无闻，直到门德尔松出现。如今，去莱比锡的游客必然要造访圣托马斯教堂，巴赫一家安葬在教堂的后半部分，那里有一条线把木制地板空间分成两部分。而在教堂的入口和后边，分别耸立着巴赫和门德尔松的塑像。

巴赫被乐评家和乐迷赞为"音乐家中的数学家"，原因应该是多种多样的。毕达哥拉斯对音乐理论的贡献是发现了和谐音程的数学关系，对位法正是把这种和谐关系运用于实践，而巴赫对博大精深的对位法贡献巨大。他的作品穷尽了对位法的各种组合，利用耐心细致的想象力，写出了优美而情感丰富的复调。巴赫的音乐充斥着规则和秩序，规则并非教条，秩序来

圣托马斯教堂，绳子下方是巴赫及家人下葬处。作者摄于莱比锡

自热忱。在克滕时他完成了《平均律钢琴曲集》上卷，在莱比锡完成了下卷。声部间的回转、穿插、分离和并流，每个细节都十分妥帖，犹如巴洛克建筑中几何曲线的弧度或廊柱上的旋涡数目，似乎也印证了毕达哥拉斯的"万物皆数"。可以说，巴赫的作品是如此精确，一个音符也无法改动。19世纪曾帮助促进美国数学发展的英国数学家西尔维斯特（James Sylvester，1814—1897）说过："难道不可以把音乐描述为感觉的数学，而把数学描述为理智的音乐吗？"

在巴赫之后，莱比锡这座音乐名城，还出现过门德尔松、舒曼和克拉拉夫妇等音乐家。诗人歌德很喜欢莱比锡，称它为"小巴黎"。这里街道整洁，商业繁华，是世界闻名的博览会城、书城和音乐城。每年春、秋两季都有国际博览会在此举行。1481年，第一本活字排版印刷的德文书在莱比锡问世，之后这里一直是德国出版业中心，莱比锡书展名闻遐迩。高斯的《算术研究》在此初

舒曼与克拉拉

印，巴赫未完成的《赋格的艺术》也在这里出版，莱比锡还拥有一家印刷博物馆。1843年，门德尔松创建了德国第一所音乐学院——莱比锡音乐学院，并亲自担任院长，应邀前来执教的有作曲家舒曼，舒曼出生在莱比锡附近的一座小镇，他的钢琴家夫人克拉拉也是莱比锡人。莱比锡还有著名的格万特豪斯交响乐团，已有200多年的历史。

维也纳古典乐派

说到德意志音乐，还有不能不提及的三位作曲家海顿、莫扎特和贝多芬，他们属于另一座说德语的名城——奥地利公国首府维也纳，被尊称为维也纳古典乐派的奠基人。除了贝多芬以外，其余两位均为奥地利人，而贝多芬自从22岁开始，也一直定居维也纳。不过，他们三位的创作均或多或少地受到巴赫的影响，虽说巴赫的复兴是在他们去世多年以后。说到奥地利，自中世纪后期到"一战"结束以前，它都是欧洲大国之

一,是统治中欧近7个世纪的哈布斯堡王朝所在地。19世纪的德意志联邦也以奥地利帝国为首,在普奥战争(1866)中战败以后,奥地利又迅速联合匈牙利成立了奥匈帝国。

1732年,海顿出生在奥地利南方靠近匈牙利边境的一座村庄,自幼就显示出异常的音乐天赋。一位在唱诗班任指挥的表兄成为海顿的启蒙老师,他在教堂学会了各种乐器和音乐基础知识。八岁那年,他便到维也纳的圣斯蒂芬大教堂唱诗班任歌手,直到九年以后因为变声被辞退。之后,海顿幸运地引起一位意大利作曲家的注意,后者邀请他担任声乐课的伴奏,并为他修改音乐习作,后来又把他引荐给一位贵族赞助人,顺利地走上了音乐之

海顿肖像(1791)

路,直至担任奥地利最富有、最有权势的家族的亲王府音乐总监。他的两次英国之行都十分成功,并被牛津大学授予荣誉博士头衔。

海顿的音乐幽默、明快,含有宗教式的超脱,有时富有旋律优美的抒情色彩,这与他的人生较为顺利有关。他将奏鸣曲式从钢琴发展到弦乐重奏,是器乐主调的创始人。他用弦乐四重奏代替钢琴,用管弦乐代替管风琴,创造了两种新型的和声演奏形式。海顿被誉为"交响乐之父",他的一生极其多产,包括108部交响曲、68首弦乐四重奏,还有约20部歌剧、14

首弥撒曲和 6 部清唱剧。他是世界音乐史上影响巨大的重要作曲家，维也纳古典乐派的第一位代表人物。海顿作曲的《神佑弗兰茨皇帝》曾被用作奥地利国歌长达一个多世纪，现今的德国国歌《德意志之歌》正是他作曲的《皇帝奏鸣曲》。

1756 年，巴赫去世 5 年以后，莫扎特出生在奥地利的萨尔茨堡。他是位音乐神童，3 岁即能辨认拨弦键琴上的和弦，4 岁会弹奏短小的乐曲，5 岁会作曲。6 岁那年，莫扎特和姐姐随父亲去慕尼黑，在巴伐利亚宫廷演奏，随后又去维也纳，在皇宫和贵族宅邸演奏。父亲认定儿子是"上帝赐予萨尔茨堡的奇迹"，深感自己责任重大。翌年，身为萨尔

莫扎特肖像（约1780）

茨堡亲王乐队副队长的父亲获准请假，带着一双儿女周游列国巡回演出，历时 3 年有余。除了德意志诸名城以外，他们还造访了布鲁塞尔、阿姆斯特丹、巴黎（在那里过冬）、伦敦（逗留了 15 个月）和瑞士。许多时候，小莫扎特会即兴演奏自己写的曲子。在伦敦，莫扎特遇到了巴赫的小儿子，受其影响，创作了最初的几部交响曲。那以后，莫扎特的旅行持续不断，他作为一位伟大作曲家的前途一片光明。

25 岁那年，莫扎特坚决辞去萨尔茨堡宫廷的职位，移居维也纳，成为欧洲历史上第一个自由作曲家。之后，莫扎特的生

活并不尽如人意，但生活的磨难对他的思想和创作产生了深刻的影响。维也纳的最后 10 年是他创作生涯中最成功的，完成了 3 部歌剧《费加罗的婚礼》《唐璜》和《魔笛》，以及未完成的《安魂曲》。32 岁那年，莫扎特在不到两个月的时间里完成了 3 部伟大的交响曲（第 39、第 40、第 41）。诚如法国作家罗曼·罗兰所言，莫扎特的音乐是生活的画像，但那是美化了的生活。他的激情、他的优雅、他的亢奋、他的得意，都是无与伦比的。莫扎特是人类历史上两三位最伟大的作曲家之一，而在公众的爱慕度方面，则没有任何一位作曲家能够胜过他。

最后，我们来说说享有"交响乐之王""乐圣"之誉的贝多芬。贝多芬出生在波恩，当时波恩是科隆大主教区的首府，后来成为联邦德国首都。贝多芬的家族祖先来自佛莱芒，也就是低地国家。他的祖父因入选科隆大主教兼选帝侯的唱诗班歌手而迁居波恩，之后担任乐正。他的父亲却沉沦酒精，因此在祖父过世后家道沦落。作为长子的贝多芬 11 岁不得不辍学，18 岁开始承担起养家糊口的责任。贝多芬 17 岁第一次去维也纳，见到了莫扎特，后者赞扬了他的弹奏技术。3 年后，海顿去伦敦途中经过波恩，贝多芬得以结识海顿。两年以后，在海顿的鼓励下，22 岁的贝多芬移居维也纳。

贝多芬肖像（1920）

比起其他任何一位作曲家来，贝多芬的作品更能证明，音乐具有不借助语言文字而能表达人生哲学的力量。在他的某些作品中，还可以看见那种非常强烈的对人类意志的肯定。他生命的最后10年，在完全耳聋的情况下与命运进行了抗争，犹如失明后的巴赫或欧拉。贝多芬终身未婚，但他的情感经历异常丰富。他最了不起的成就恐怕是，把一向认为次于声乐的器乐提升到音乐乃至整个艺术的最高层次，如同在牛顿和莱布尼茨引领下，分析学被提升到与几何学和代数学同等重要的地位。贝多芬的交响曲《英雄》《命运》《田园》和《第九》，更是登峰造极之作，其中《第九》交响曲第四乐章加入了大型合唱《欢乐颂》，堪称人类发出的最宏伟、最崇高的声音。

欧拉或傅里叶

在所有数学家中，瑞士人欧拉最有可能见到过巴赫。这得从普鲁士王国的第三位国王腓特烈二世，即著名的腓特烈大帝（1712—1786）说起，他是欧洲开明专制的代表人物，在位期间提升了普鲁士的国力，使其成为欧洲大国，因而享有"德意志之父"的美誉。腓特烈二世不仅是卓有成就的政治家和军事天才，还是多才多艺的作家和作曲家。除了母语德语以外，他还会说法语、英语、意大利语、西班牙语和葡萄牙语，能听懂拉丁语、希腊语和希伯来语，晚年还学习了斯拉夫语、巴斯克语和汉语。在艺术领域，这位国王的兴趣也很广泛，亲自设计了波茨坦无忧宫的草图并请来名建筑师，还收藏了许多珍贵的名画。尤其是他吹得一口好长笛，并擅长作曲。

瑞士邮票上的欧拉　　　　欧拉著作《音乐新理论的尝试》扉页
（1739）

　　腓特烈二世登基当年，即 1740 年，他便邀请欧拉来普鲁士，其时欧拉在圣彼得堡生活了 13 年，后来他在普鲁士科学院工作了 25 年。1750 年，法国作家伏尔泰也来到普鲁士，他在柏林和波茨坦逗留了近 3 年，起初颇为陶醉。后来，伏尔泰遭遇了许多不愉快，甚至与欧拉也有过口角。伏尔泰不辞而别后，一度被软禁在法兰克福的一家旅店。巴赫从萨克森公国的莱比锡来普鲁士比伏尔泰要早三年，其时他的三儿子埃马努埃尔担任宫廷合唱队的指挥，国王通过小巴赫发出邀请。1747 年 5 月 7 日，当 62 岁的老巴赫终于到来时，35 岁的国王正准备开始他的长笛演奏会，闻讯大喜，当即放下长笛，传令召见来不及更衣的巴赫。当晚国王终止了演奏会，领着巴赫参观他收藏的各种名贵古钢琴。

　　随后，腓特烈二世在一架钢琴旁边坐下，即兴弹奏了一段自己谱写的旋律，希望巴赫能将其改编成一首三声部赋格曲。

虽然这段旋律不规则，但巴赫完成了任务，充分展示了即兴作曲和演奏的高超技能。同时，巴赫对于国王的音乐天才也表示赞赏，国王希望他能用同样的主题谱写一首六声部赋格曲，巴赫回答说那需要时间。果然，返回莱比锡不到两个月，巴赫完成了一部作曲集，连同一封虔诚的信函寄给了腓特烈大帝。此即《音乐的奉献》，其中包含了一首以长笛为特色的奏鸣曲（可以让国王展示他的技艺）和 10 首卡农。那会儿，距离他的生命终点只有 3 个年头了。

卡农（Canon）是一种复调音乐，本意为"规律"。一个声部的曲调追逐着另一声部，直至最后一个音节，相互融合，给人以神圣的感觉和意境。声乐中的轮唱也是一种卡农。卡农最初出现并流行于英国，可能是民间的狩猎曲。后来，卡农也被

门采尔《无忧宫中的长笛演奏会》（1852），吹长笛和弹钢琴的分别是腓特烈二世和巴赫

巴赫的螃蟹卡农

巴赫和贝多芬等作曲家采用。《音乐的奉献》中第一首卡农又称"螃蟹卡农",其特点是第一声部尾末 9 小节恰好是第二声部开头 9 小节的逆行(retrograde),这好比几何图像中的对称,据说适合在莫比乌斯带上实现。几何学或五线谱中的对称并不难识别,但在音乐中做到这一点不容易,不仅要能倒过来演奏,同时还要和谐好听,只有巴赫那样的音乐大师才能做到。即便如此,听众也难以察觉,因为听觉对于逆行等技巧并不敏感,这也是现代主义音乐不易普及的原因。

除了逆行,音乐中还有移调、倒影,相当于几何学中的平移和中心对称(零点对称)。由于音乐是时间的艺术,一段旋律稍纵即逝,需要将其反复呈现,才能给听众留下深刻印象。

最优美的恒等式——欧拉公式

可是,一成不变的旋律又容易让人厌倦,于是需要在重复中有所变化。也许因为巴赫的音乐长于重复和变化,尤其是复调,他才被称为"音乐家中的数学家"。而欧拉不仅是一位伟大的数学家、物理学家和天文学家,也是一位杰出的科普作家和音乐理论家,两方面他都有著作传世。我们可以推想,假如欧拉在柏林或波茨坦见到巴赫的话,两人应该会有一番愉快的深入交谈。

1726年,19岁的欧拉在故乡巴塞尔时,便在笔记本上列出一项题为"音乐理论体系"的写作计划,涉及单声部和多声部作曲、旋律与和声创作,以及舞曲曲式等。4年以后,欧拉在圣彼得堡完成了这部著作，但出版却要等到 9 年以后，即他应聘去普鲁士的前一年。书中欧拉首次指出了乐音体系中各个音阶之间存在着如他所描绘的网络关系。1736 年，欧拉发表有关"哥尼斯堡七桥问题"的论文，其中也有类似的由点和线组成的网络图。这篇论文被公认为图论研究的开山之作，同时也预示着拓扑学的诞生。有的学者因此认为，欧拉对音乐的研究在一定程度上帮助他开创了数学新领域。欧拉定义的网络关系即音网（Tonnetz，英语为 tone-network），如今仍应用于和声学研究。

1768 年，正当欧拉已经返回圣彼得堡，双目渐渐失明之时，法国数学家傅里叶出生在巴黎东南 160 公里处的欧塞尔。他的父亲是个裁缝，8 岁时他父母双亡，成了孤儿。一个好心的主教收养了他，后来把他送进当地一所军事学校，在那里他接触到美妙的数学，并很快展示出非凡的天赋。1794 年，26 岁的傅里叶被聘为著名的巴黎综合工科学校数学教授，法国数学史上最辉煌的时期来临了。1798 年，当拿破仑率领法国舰队去征服埃及时，傅里叶与另一位数学家蒙日随队前往，每天早餐时分在"东方号"旗舰上讨论拿破仑提出的一个问题，例如地球的年龄、世界毁于大火或洪水的可能性，以及行星上是否可

傅里叶像

以居住。

当然，拿破仑没让傅里叶参加战斗，而是与文化军团的其他人一起，仿照法兰西学院建立了埃及学院。回到法国后，傅里叶被任命为阿尔卑斯山区伊泽尔省总督（省长），正是在省会格勒诺布尔，他一方面努力尽职，另一方面潜心研究数学，完成了《热的解析理论》。这部巨著最重要的结论是：任何一个周期函数均可展开为三角级数的无穷级数。傅里叶注意到这样一个事实：一个函数均可表示成为一个奇函数（关于零点对称）和一个偶函数（关于 y 轴对称）之和，而正弦函数是奇函数，余弦函数是偶函数。不过，他是从物理学的热传导理论推导中得出的。《热的解析理论》被麦克斯韦尔赞为"一首伟大的数学诗"，开尔文勋爵称其为"数学的诗"。傅里叶自己则认识到："对自然界的深刻研究是数学最富饶的源泉。"

说到周期函数，自然界中许多现象，例如季节、潮汐、月相等，均是有简单周期的。另外一些现象，例如太阳黑子的反复出现、地震和年降雨量等，则能以一定数量的简单周期的图形叠加来逼近。这一点与音乐理论中把乐音分析成为基音和泛音，在本质上是一致的。可以说，傅里叶是毕达哥拉斯以后第一个用数学来计算音乐的人。他意识到，每当在钢琴上弹奏一个音，就发出一个波长的音波，当一次弹奏几个和弦时，和弦的美来自这些音波的叠加，而叠加的方式便是一组三角函数的相加。因此，"傅立叶分析"又被称为音乐的"谐波分析"。如今，巴黎有傅里叶大街，格勒诺布尔有傅里叶大学，在法国公立大学里位列第四。著名的埃菲尔铁塔基座上刻有 72 位法兰西科学家的名字，傅里叶是其中之一。

傅里叶墓，位于巴黎拉雪兹

最后，我们来说说音名、八度和十二平均律。音名，可用 CDEFGAB 表示，它们对应着钢琴上的 7 个白键。每个音名都有频率，比如，中央音区 A 键频率是 440 赫兹。除了这 7 个音，还有 5 个半音是黑键，共 12 个。人们通常在 CDFGA 前加升降号，如 #C 表示 C 和 D 音之间的半音。我们曾在第一章提到，八度是指两个音频率之间的二倍关系，把某个音升高八度，就是把这个音的频率加倍。说来有趣，人的耳朵天生对频率加倍的声音感到和谐亲切。一个音，比如 C，升高或降低八度，还是 C，因此我们需要说明是哪个音区的 C。这样就可以写

第四章 数学与音乐 207

全钢琴的 88 个音。

值得一提的是，每一段的 CDEFGAB 及其半音之间满足一种叫"十二平均律"的频率关系，即它们的频率形成等比级数，且首尾两音的频率比值为 2。虽说巴赫的《十二平均律钢琴曲》如今是最广泛使用的钢琴教程，前文提及的音乐家黎曼也曾对十二平均律做过专门研究，20 世纪的新黎曼音乐理论家又将十二平均律与欧拉的音网相联系，并涉及现代数学中的群论和环论方法，奥地利作曲家勋伯格也提出了十二音技术，但世界上第一个明确提出十二平均律，同时也精确地计算出上述等比级数公比的，是我国 16 世纪明代的学者朱载堉（1536 — 1611），他是明太祖朱元璋的九世孙。朱载堉计算出的公比值是

$$q = \sqrt[12]{2} = 1.059463094359295264561825.$$

朱载堉出生于今河南沁阳，其父郑恭王朱厚烷是明仁宗朱高炽的五世孙，明太祖朱元璋的八世孙，能书善文，精通音律乐谱。受其影响，朱载堉自幼喜欢音乐、数学，聪明过人，但他的生活并不顺坦，15 岁时父王被囚，他筑室独处，直到 19 年后父亲出狱始返宫中。其时，皇帝是明太祖另一位八世孙朱厚熜（1507 — 1566），这位皇帝倒也喜欢数学，曾研习元代数学家朱世杰（1249 — 1314）的《算学启蒙》（1299），并与大臣商讨过。

万历十九年（1591），朱厚烷病逝，载堉本可继承王位，但他七次上书明神宗朱翊钧，甘愿放弃，并执意让爵，直到 1606 年明神宗才允准。之后，他自称道人，迁居他乡，潜心著

述，出版了多部音乐和算学著作。据说朱载堉得到公比 q，是利用了 81 横档的特大算盘，进行开平方和开立方的计算。因为创建了十二平均律，他在西方被誉为"钢琴理论的鼻祖"，李约瑟誉之为"中国文艺复兴式的圣人"。2001 年，位于沁阳的郑藩王乐府旧址被列入国家重点文物保护单位。

朱载堉用来计算的81档大算盘

第五章

梦幻与现实

从虚无中,
我开创了一个新的世界。
——［匈］约翰·鲍耶

梦的内容是由意愿形成的,
其目的在于满足意愿。
——［奥］西格蒙德·弗洛伊德

1801年，19世纪的曙光照临。那年高斯出版了处女作《算术研究》，这部杰作被认为是数论的宪章。而那一年贝多芬写成了《月光奏鸣曲》，原名《升C小调钢琴奏鸣曲》。这部奏鸣曲因"月光"的俗称名满天下，来由却众说纷纭，有可能源于德国诗人雷尔施塔布（Ludwig Rellstab，1799—1860），他曾形容这首乐曲的第一乐章为"如在瑞士琉森湖[①]那月光闪耀的湖面上一只摇荡的小舟"。李斯特形容第二乐章为"两个深渊中的一朵花"，而贝多芬自己则称之"好似一首幻想曲"（Quasi una Fantasia）。作曲家将其题献给自己心仪的女学生朱列塔，但两年后她嫁给了一位伯爵。

　　可是，19世纪最富革命性的成果并非出自数论，而属于非交换代数和非欧几何学。在传统的代数学中，两个数相乘是可以交换而不影响其结果的。同样，两千多年来，欧几里得几何在十个公设和公理假设下循序渐进安然无恙。然而，爱尔兰人哈密尔顿却率先发现了不符合乘法交换律的四元数，随后英格兰人凯莱建立的矩阵理论也是如此。比他们稍晚，高斯与匈牙利数学家鲍耶、俄罗斯数学家罗巴切夫斯基各自创立了非欧几何学。在艺术领域，最初的创新一如既往，并非出自音乐，而是来自诗歌和绘画。美国人爱伦·坡和法国人波德莱尔打破传统的观念，成为现代主义文学之父，他们是现代主义的先驱人物。稍后，奥地利医生弗洛伊德创立了精神分析学，对现代主义艺术进行了细致的剖析。

油画《四森林州湖》(约1850),现藏于波兰国家博物馆

① 琉森湖(德语:Vierwaldstättersee),即四森林州湖。位于瑞士中部,是瑞士联邦的发源地。瑞士民族英雄威廉·退尔(Wihelm Tell)出生在琉森湖畔,他是席勒最后一部重要剧作《威廉·退尔》的主人翁,意大利作曲家罗西尼(Gioacchino Rossini,1792—1868)据此创作了同名歌剧。

1 — 非欧几何学

霍拉桑人

在 2012 年首尔和 2016 年里约热内卢连续两届国际数学家大会上,两位伊朗人米尔札哈尼(Maryam Mirzakhani,1977 — 2017)和比尔卡尔(Caucher Birkar,1978 —)先后获得菲尔兹奖。他们出生在伊朗,在首都德黑兰接受了大学教育,之后分别留学美国和英国,前者还是第一个也是迄今唯一一个获得菲尔兹奖的女性。事实上,伊朗古称波斯,历史上在数学领域有过辉煌的成就,其中 11 世纪的欧玛尔·海亚姆(Omar Khayyam,1048 — 约 1131)和 13 世纪的纳西尔丁(Nasir al-Din,1201 — 1274)对于欧几里得的平行公设做了有益的思考,他们堪称非欧几何学的先驱人物。但说到波斯数学,我们首先要提及的是花拉子密。

公元 762 年,即中国大诗人李白诞生的第二年,阿拉伯帝国阿拔斯王朝的第二任哈里发曼苏尔定都巴格达。这座城市开始兴旺起来,半个世纪以后,它已成为继长安之后世界上最富庶的城市。不仅如此,在中世纪欧洲文化衰落,大量古籍被销毁之后,伊斯兰各民族继承了希腊人包括数学在内的文明传统。830 年,第七任哈里发麦蒙下令在首都建造了智慧宫,那是一个集图书馆、科学院和翻译局于一体的联合机构,很快它成为自公元前 3 世纪的亚历山大图书馆建立以来最重要的学术机关。早期智慧宫的主要学术带头人正是花拉子密，他出生在阿姆河下游的花拉子模，即今天乌兹别克斯坦的希瓦城附近，是拜火教徒的后裔。拜火教又名琐罗亚斯德教，迄今已有2500多年历史，是波斯的国教，如果花拉子密不是波斯人，至少也在精神上趋近于波斯民族。

花拉子密留下两部传世之作——《代数学》和《印度计算法》。前者原名《还原与对消计算概要》，其中"还原"一词al-jabr有移项之意。此书约完成于820年，12世纪被译成拉丁文，在欧洲影响很大，al-jabr一词后来被译成algebra，这正是今天西方文字中的"代数学"。印度人只给出一元二次方程一个根的求法，而花拉子密求出了两个根。可以说，他是世界上最早认识到二次方程有两个根的数学家。此外，他还引进了移项、合并同类项等代数运算方法，可以说比希腊人和印度人的著作更接近于近代初等代数。花拉子密的著作在欧洲被用作标准课本长达数百年，这对东方学者来说十分罕见。

《印度计算法》也是数学史上很有价值的一本书，该书系统地介绍了印度数码和10进制记数法，使其流行于阿拉伯世界。12世纪，这本书传入欧洲，其拉丁文手稿现存于剑桥大学图书馆。印度数码随后逐渐取代希腊字母记数体系和罗马数字，成为世界通用的数码，以至于人们习惯称印度数码为阿拉伯数字。值得一提的是，该书原名《花拉子密的印度计算法》（Algoritmi de numero indorum），Algoritmi是花拉子密名字的拉丁文翻译，现代数学术语"算法"（Algorithm）一词即来源于此。

欧玛尔·海亚姆是波斯民族也是阿拉伯世界最具智慧象征

的人物，他出生在今天伊朗东北部霍拉桑地区（Khorasan在波斯语里的本意是"太阳之地"，意即东方，作者曾在《数学传奇》一书里介绍过）的古城内沙布尔。"海亚姆"是指制作或经营帐篷的职业，可能他的父亲或祖辈从事这项工作，正如英语里的Smith（史密斯）是铁匠。不同的是，制作帐篷就像弹棉花一样是需要经常换地方的。正因为这个原

海亚姆肖像

因，海亚姆有机会跟随父亲在各地漫游，先是在家乡，后来在阿富汗北部小镇巴尔赫接受教育，接着他们来到中亚最古老的城市撒马尔罕（今属乌兹别克斯坦），海亚姆在当地一位有政治背景的学者庇护下，从事数学研究。

那时候，一个叫塞尔柱的土耳其突厥人的王朝已经兴起，领土从外高加索山脉一直延伸到地中海，也包含了波斯。在塞尔柱苏丹马利克沙的邀请下，海亚姆来到首都伊斯法罕（今伊朗中部城市），主持新建的天文台并进行历法改革。事实上，这是海亚姆的立足之本和生活保障，而数学发现是他的副业。他提出在平年365天的基础上，每33年增加8个闰日。这样一来，与实际的回归年仅相差19.37秒，即每4460年误差一天，比现在全世界通行的公历还要准确。可惜因为领导人更迭，他的历法改革未能实施。

海亚姆在伊斯法罕度过了一生的大部分时光，伊斯兰教义、塞尔柱宫廷和波斯血统这三者在他身上交替呈现。时局动荡和个性使他的生活并不称心如意，他终生独居，并不时把头脑里那些不合时宜的思想悄悄地用波斯语记录下来，以流行在故乡霍拉桑地区的四行诗为载体。诗的第一、二、四行的尾部要求押韵，类似于中国的绝句。海亚姆有着诗圣杜甫"语不惊人死不休"的气概，正如他在诗中所写的（《鲁拜集》第71首，拙译）：

那挥动的手臂弹指间已完成
继续吟哦，并非用虔诚或智慧
去引诱返回删除那半行诗句
谁的眼泪都无法将单词清洗

在欧几里得《原本》里，有用几何方法解二次方程的例子，可以用毕达哥拉斯定理，通过圆规和直角三角形来求取解

海亚姆的四行诗

第五章　梦幻与现实

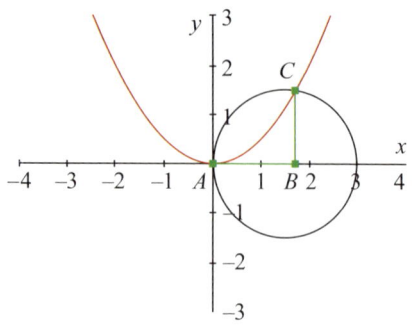
海亚姆利用几何方法,求解三次方程

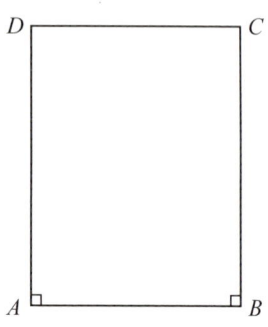
用来证明平行公设的四边形
促成非欧几何学的诞生

答。三次方程的求解显然更为复杂,海亚姆想出一个巧妙的方法,通过抛物线和圆的交点来确定它们的根。此外,他在证明欧几里得平行公设方面也做了有益的尝试。1077年,海亚姆撰写了《辨明欧几里得公设中的难点》一书,书中讨论的难点之一就是第五公设,即平行公设。用18世纪苏格兰数学家普莱菲尔(J. Playfair,1748—1819)较为简洁的语言描述便是:

过已知直线之外,能且只能作一条直线与已知直线平行。

即便如此,第五公设也不像其他公设那样显而易见。因此,人们便想尝试证明它。海亚姆在书中假设一个四边形 $ABCD$,如图所示,DA 和 CB 等长且均垂直于 AB 边,由对称性可知∠C 与∠D 相等。显然,这个角度可分三种情形,即直角、锐角或钝角。海亚姆试图证明锐角或钝角均导致矛盾,从而可证明平行公设,但他的证明是有缺陷的。事实上,海亚姆证明的是:两条直线如果越来越接近,那么它们必定在这个方向上相交。而这个结论其实与平行公设等价，换句话说，他并没有证明平行公设。

比海亚姆晚一个半世纪，也是在霍拉桑地区，诞生了另一位数学天才纳西尔丁。纳西尔丁后来在伊朗西北部伊利汗国首都大不里士主持天文台，他在数学方面出版了三本著作，分别是关于算术、几何和三角学的，其中《横截线原理书》是数学史上最早的三角学专著。在此以前，三角学知识只出现于天文学论著中，是附属于天文学的一种计算方法，纳西尔丁的工作使得三角学成为纯粹数学的一个独立分支。正是在这部书里，他率先给出了如今中学数学课本里的正弦定理：

> 设 A、B、C 分别为三角形的三个角，a、b、c 是它们对应边的长度，则
>
> $$\frac{a}{\sin A} = \frac{b}{\sin B} = \frac{c}{\sin C}.$$

在几何学方面，纳西尔丁曾两次修订和注释欧几里得《原本》，也对平行公设进行了探讨。他的几何学著作叫《令人满意的论著》，书中沿用海亚姆的四边形方法，证明了：如果 $\angle C$ 和 $\angle D$ 是锐角，那么可推出三角形的内角和小于 $180°$，这正是罗巴切夫斯基几何的基本命题。纳西尔丁还得到与平行公设等价的一系列命题，成为非欧几何学前史的重要里程碑。他和海亚姆的工作后来由意大利数学家萨凯里（Saccheri，1667—1733）等人发扬光大，并最终促成非欧几何学的建立。

几何学的革命

古希腊最光辉灿烂的成就之一是构建了几何学的演绎体系，即欧几里得几何学。它从源于经验的公认的原则开始，以一系列深刻的定理结束，其中有些至今仍在数学领域中非常重要、不可或缺。公元前 3 世纪，欧几里得总结了自泰勒斯和毕达哥拉斯学派等前辈的工作，到柏拉图学园的莱昂（Leon）和图狄乌斯（Theudius）的教科书，利用自己巧妙的构思，完成了《原本》这部著作，为稍后阿波罗尼奥斯的圆锥曲线理论和阿基米德关于几何学、力学的进一步研究提供了坚实的基础。

欧几里得几何学的重要意义，除了它所包含的实际数学内容，更在于它所使用的数学方法，尤其是用来表现和发展数学的系统方法。这个方法就是公理和逻辑演绎方法，它成为过去两千多年数学各个门类乃至某些其他学科发展的典范。事实上，欧几里得从五条公理和五条公设出发，加上一些特别的定义（如把点定义成没有部分的一种东西，把线定义为没有宽度的长度），推演出了 465 个定理和命题，显示了公理化方法的强大威力。

两千多年来，欧几里得几何学始终占有神圣而不可动摇的地位。数学家们相信它是绝对真理，笛卡尔的解析几何虽然改变了几何研究的方法，但从本质上讲并没有改变欧氏几何本身的内容，牛顿也将他自己创立的微积分披上欧氏几何的外衣。与他们同时代或后来的哲学家霍布斯、洛克、莱布尼茨、康德和黑格尔也都从各自的观点出发，认定欧氏几何是明白的和必然的。康德被誉为近代最伟大哲学家，他在《纯粹理性批判》

中甚至声称，来自直观的意识迫使我们只按一种方式来观察外部世界，他同时借此断言，物质世界必然是欧几里得式的，并认为欧氏几何是唯一的和必然的。

另一方面，早在1739年，即康德上大学前一年，苏格兰哲学家休谟（David Hume，1711—1776）就在著作《人性论》中否定宇宙中的事物有一

休谟肖像（1754）

定法则。他的不可知论表明，科学是纯粹经验性的，欧几里得几何的定理未必是物理的真理。事实上，从欧氏几何诞生的那一刻起，就有一个问题困扰着数学家，那就是上节提及的平行公设。它的叙述不像其他四条公设那样简单明了，当时就有人怀疑它不像一个公设而更像一个定理。18世纪法国数学家达朗贝尔（D'Alembert，1717—1783）戏称它为"几何学的家丑"。为了遮掩"家丑"，数学家们做了多方努力，其中之一是试图用其他公设和定理证明，于是有了前面谈及的波斯数学家海亚姆和纳西尔丁的尝试。

之后的历史是一段空白，直到18世纪中叶，终于有三位名声不大响亮的数学家取得进展。他们分别来自意大利、德国和瑞士，所用的方法与海亚姆和纳西尔丁的尝试并无本质区别，同样是考虑了四边形 $ABCD$，其中 $\angle A = \angle B$ 为直角，再用归谬法排除 $\angle C = \angle D$ 为锐角和钝角的情形。经过一番努力，在意

大利人工作的基础上，德国人首先对平行公设能否由其他公设或公理加以证明表示怀疑，而瑞士人则认为一组假设如果引起矛盾的话，有可能导出一种新的几何学。后两位都接近成功，却由于某种原因退却了，不过，他们仍是非欧几何学的先驱。

历史上有过由两位数学家同时开创一门新学科的例子，例如笛卡尔和帕斯卡尔发明了解析几何，牛顿和莱布尼茨创立了微积分。非欧几何学的诞生更为稀罕，共有三位不同国度的数学家参与其中，并在相互不知情的情况下用相似的方法导出了非欧几何学。这三位数学家是德国的高斯、匈牙利的鲍耶和俄罗斯的罗巴切夫斯基，前一位早已大名鼎鼎，后两位均是初出茅庐，并主要以这项工作名垂史册。

在前人工作的基础上，三位数学家都判定：过已知直线外一点，能作多于一条、恰好一条和没有一条直线平行于已知直线这三种可能性，分别对应前文所说的锐角假定、直角假定和钝角假定。他们都相信在第一种情况下能够得出相容的几何，虽然他们并没有证明这种相容性（即锐角假定与直角假定并不矛盾），但都实现了锐角假定下的几何的和三角的推演。至此，新的几何学便建立起来了。高斯将其命名为"非欧几何学"，这使得所有的几何学都用那位幸运的古希腊数学家的名字命名，这在其他科学分支中未曾见到过。

下面我们举一个简单的例子。考虑任意一条二次曲线（例如椭圆）围成的区域，我们可以将其看成是一个非欧几何学的空间。如图所示，我们定义椭圆上的点为无穷远点，椭圆内部的点为有限点；任何两个无穷远点 A、B 的连线构成一条直线。给定一条直线 AB，其中 A、B 为直线与椭圆的交点，设 P 为 AB

以外椭圆上或椭圆内部的任意一点，从 P 点引两条直线 PA 和 PB 与直线 AB 分别相交于 A 点和 B 点。用德扎尔格提出的观念和定义（参见第三章），相交于无穷远点的两条直线即相互平行，这样一来，便有两条直线 PA 和 PB 与 AB 平行。

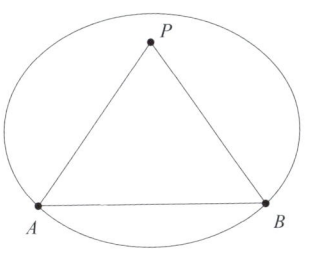

罗巴切夫斯基几何的一个例子

高斯除了在给朋友的信中略有透露以外，生前没有公开发表过任何非欧几何学方面的论著，或许他感到自己的这一发现与当时流行的康德哲学相违背，担心受到世俗的攻击。用他自己的话来讲就是，"黄蜂就会围着耳朵转"，因为那时的高斯已经是全欧洲的名人。这样一来，就给了两位异国的年轻后生青史留名的机会，这一至高的荣誉无疑也属于他们各自的祖国。

鲍耶是匈牙利人，他出生的小镇即今天罗马尼亚的克卢日，隶属于特兰西瓦尼亚大区。鲍耶的父亲早年就读于哥廷根大学，是高斯的同学和终生好友，后来回到故乡，在一所教会学校执教了半个世纪。在父亲的教导下，小鲍耶少年时代就学习了微积分和分析力学。他从维也纳帝国工程学院毕业后，被分配到军事部门工作，却一直迷恋数学，尤其

鲍耶像

是非欧几何学的研究。老鲍耶得知儿子的志向后，坚决反对并写信责令其停止研究，"它将剥夺你所有的闲暇、健康、思维的平衡以及一生的快乐，这个无底的黑暗将会吞吃掉一千个灯塔般的牛顿"。

可是，小鲍耶执迷不悟，他坚持自己的理想。23岁那年，他趁回家探亲，把写好的论文带回家请父亲过目，仍不被接受。直到老鲍耶要出版一本数学教程时，才把儿子的成果压缩后放进附录。不出所料，这部著作的发表没有引起任何反响。第二年，小鲍耶不幸遭遇车祸致残，退役回到了故乡，和父亲一样经历了糟糕的婚姻。不同的是，儿子比老子多了一个磨难——贫穷，加上从俄国方面传来罗巴切夫斯基创立新几何学的消息，鲍耶只得在文学写作中寻求安慰。在鲍耶郁郁寡欢死去30多年以后，匈牙利政府修复了他的墓地，立塑像供人瞻仰。后来，又设立鲍耶奖，数学大师庞加莱、希尔伯特以及物理学家爱因斯坦是最初的三位获奖人。

现在，我们来谈谈最先发表非欧几何学的罗巴切夫斯基。他出生在莫斯科以东约400公里处的下诺夫格罗德，做牧师的父亲早逝，幸亏母亲勤劳、顽强而开明，把儿子们送到300多公里外（与莫斯科相反方向）的喀山中学就读，罗巴切夫斯基将在那里度过余生。14岁那年，他进入了喀山大学。喀山是俄罗斯联邦第

罗巴切夫斯基肖像（1843）

一大少数民族所在鞑靼共和国的首府，喀山大学后来成为莫斯科和圣彼得堡以外最令人尊敬的学府，可是在罗巴切夫斯基的时代，尚且默默无闻。

  罗巴切夫斯基在中学和大学都遇到了优秀的数学老师，在他们的引导下阅读了大量数学原著，并展现了才华。他那富于幻想、倔强和有些自命不凡的个性使其经常违反学校纪律，却得到教授们的欣赏和庇护。硕士毕业后留校工作，依靠他卓越的行政能力和非欧几何学以外的学术成就，顺利升迁，直至做了教授、系主任乃至一校之长。列夫·托尔斯泰（1828—1910）进入东方语言系时，他正好担任校长。而在列宁（1870—1924）入读法律系时，他已经过世。

  虽说罗巴切夫斯基在官场上春风得意，但他在非欧几何学方面的工作却迟迟未得到承认。那时俄国尚且是个科技落后的国家，之前还没有出现一位闻名欧洲的数学家，不敢贸然承认这项伟大发现。1823 年，罗氏撰写了一本小册子《几何学》，部分包含了他的新思想，但在俄国科学院审读时被否定了。三年后，他在校内学术研讨会上报告，也被他的同事认为荒诞不经，没有引起任何注意，甚至手稿也遗失了。又过了三年，已是一校之长的罗巴切夫斯基在俄文版《喀山大学学报》上正式发表自己的成果，他的工作才缓慢地传递到西欧。

  无论如何，一门新的几何学终于宣告诞生了，它被后人称作罗巴切夫斯基几何。而高斯和鲍耶的名字并没有用来为新几何冠名，鲍耶在他父亲著作的附录里称它为绝对几何学，罗巴切夫斯基则在他的论文里称它为虚几何学。那时候，新几何学的影响力十分有限，人们对它半信半疑。直到高斯去世，他那有关非欧几何学的笔记本被公之于众。由于高斯的地位和名望,人们的目光才一下子聚拢过来,"只能有一种可能的几何学"的信念终于动摇了。

黎曼

2019 年 4 月 10 日,包括上海天文台在内,全球六家天文观察机构同时发表声明,公布了他们合作拍摄到的首张黑洞照片。此前两年,引力波被直接探测到和黎巴嫩裔英国数学家阿蒂亚爵士宣布证明黎曼猜想这两项重大科学新闻,同样引发全球公众的高度关注,丝毫不亚于一年一度的奥斯卡颁奖礼。物理学家爱因斯坦再次成为人们膜拜的偶像,与黑洞一样,引力波的存在性也是他的广义相对论所预言的。然而,有一个关键性人物被忽视了,那便是 19 世纪的德国数学家黎曼,他建立的黎曼几何学是爱因斯坦广义相对论的基石,同时他又提出了迄今为止数学领域最负盛名的黎曼猜想。

事实上,罗巴切夫斯基几何建立以后,人们对平行公设的疑虑并未彻底消除,因为钝角假设尚没有得到回音,罗氏几何与欧氏几何之

黎曼之墓,意大利马焦湖畔

间的内在联系和区别也未理清。这一切有待于一位非凡的数学天才的出现，他就是黎曼。1826 年，黎曼出生在汉诺威公国易北河附近的小村布列斯伦茨，那里距离高斯的出生地不伦瑞克大约 100 公里。黎曼是个虔诚的路德教牧师的儿子，家里人口众多，20 岁那年他入读高斯所在的哥廷根大学神学系，后来转到数学专业。1851 年，黎曼在高斯指导下获得博士学位。

翌年，黎曼为无薪讲师职位做了就职演讲，只有演讲通过才能取得授课资格。黎曼向系教授会提交了三个题目，其中两个是关于数学物理的，他原本希望能选中这两个题目中的一个，对此他已有所准备。没想到高斯对第三个问题更感兴趣，那是有关几何基础的，高斯本人多年以前便已考虑过，并与俄罗斯数学家罗巴切夫斯基、匈牙利数学家鲍耶各自独立建立了一种非欧几何学，也即罗巴切夫斯基几何。黎曼虽说并未有完全的把握，也只好硬着头皮上台了。

黎曼演讲的题目是《论作为几何学基础的假设》，从中他建立起黎曼几何学的基础，并给出了黎曼度量的定义。他把高斯的内蕴几何从欧几里得空间推广到任意 n 维空间，并称其为流形，再把流形上的点用 n 元有序数组表示。黎曼还引进子流形和曲率的概念，他尤其关注的是所谓"常曲率空间"，即每一点上曲率都相等的流形。这种常曲率有三种可能性：

曲率为正常数，曲率为负常数，曲率为零。

黎曼指出，第二种和第三种分别对应于罗巴切夫斯基几何和欧几里得几何，即锐角几何和直角几何，而第一种情形对应的则是他本人创建的钝角几何，即黎曼几何。在欧氏几何里，过已知直线外一点恰好能作一条直线与该直线平行；在罗氏几何里，过已知直线外一点可以作不止一条直线与该直线平行；而在黎曼几何里，过已知直线外一点不能做任何直线与该直线平行。与此同时，欧氏几何第二公设也得到补充，有限线段可以无限延长，但所有直线有相同的长度。可以这么说，黎曼是第一个理解非欧几何学全部意义的数学家。从这个意义上讲，黎曼是富有哲学思维和头脑的数学家。

黎曼的就职演讲所含思想是如此丰富和先进，60年后它作为广义相对论的主要数学框架得到了应用，人们用诸如"划时代的""不朽的"等词语形容它。有趣的是，这个演讲几乎没用符号，只有一个公式、三个根号、四个和式与五个等号。而爱因斯坦广义相对论所需要的数学工具，即三维空间和时间可以在数学上处理为四维空间，已包含其中。作为牛顿定律之后最重要的科学发现，广义相对论首次把引力场解释成时空的弯曲，并推导出大质量恒星最终会归结为一个黑洞的论断。事实上，球面作为黎曼几何的特例，其直线为圆心在球心的大圆，任意两点之间的最短距离是圆弧的一部分。

与罗巴切夫斯基几何一样，黎曼几何的某些定理与欧氏几何是相同的。例如，三角形的等角对等边定理、直角边定理（斜边和一条对应直角边相等的两个三角形全等）。但是，另一些定理却出乎人们的习惯思维。例如，一条直线的所有垂线相交于一点；两条直线可以围成一个封闭的区域。又如，除了第五公设被完全排除以外，第二公设得以修正，即直线可以是无界的但长度有限并且相等；没有平行直线，即任何两条直线均相交。此外，相似多边形必然是相等的。

这样一来，球面上的三角形就是三个大圆的弧围成的图形。容易发现，这样一个三角形的内角和大于 180 度。事实上，我们可以让三角形的两条边同时垂直于另一条边，这样便拥有两个直角。而在罗巴切夫斯基几何中，任何一个三角形的内角和都小于 180 度。不仅如此，面积较大的三角形有着较小的内角和（黎曼几何刚好相反）。另一方面，对罗巴切夫斯基几何来说，相似三角形必然全等，而两条平行线之间的距离，沿一个方向趋近于零，沿另一个方向则趋于无穷。

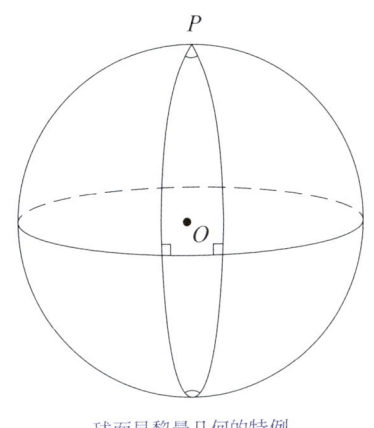

球面是黎曼几何的特例
每一条过球心的大圆是直线

至此，人们终于明白，在几何世界里，并没有哪一种几何学比其他两种几何学更准确地描绘出现实世界。因此，数学家和哲学家们不得不放弃他们原先的观念，即可以用同样无矛盾的和合理的几何来代替那种曾被认为唯一正确的几何。他们认识到，数学系统不仅仅是有待发现的自然现象，数学家们也可以通过选择无矛盾的公理和公设以及通过研究它们导出的定理来构造出一种全新的系统。这一观念的改变，可能是欧几里得遗产中最重要的和意义最深远的部分。

最后，我们想说一下非欧几何学与立体主义绘画的关系。据说毕加索是从他的一位叫普兰斯的保险精算师朋友那里了解到非欧几何学的,这位精算师读过法国数学家庞加莱写的一本关于四维几何学的科普著作。毕加索认为,画家的工作是把三维空间里的人或事物描绘到二维平面上,假如真的有四维空间的人或事物,那画家还得把它画到二维平面上。毕加索认为既然如此,必然要有所不同,经过一番思考,他决定让人物的脸和身体左右不对称,甚至可以一边是人,另一边是动物。《阿维尼翁的少女》因此而诞生,这是立体主义的开山之作。

毕加索的《阿维尼翁少女》

2 —— 精神分析学

弗洛伊德

　　1856年，罗巴切夫斯基去世的那年初夏，西格蒙德·弗洛伊德出生在奥地利帝国摩拉维亚的小城弗赖堡（今捷克共和国普日博尔）。整整100年前，旷世的音乐天才莫扎特出生在奥地利的萨尔茨堡。弗洛伊德是他那个时代最有智慧、最具影响力的学术开拓者，精神分析学的奠基人。精神分析学是有关人类心灵的学说，也是减轻精神疾病痛苦的一种治疗方法，以及解

弗洛伊德出生的房子

释社会和文化的一种观点。psychoanalysis（精神分析学）这个词便是由弗洛伊德发明的，源于他细致的临床观察和洞察力。

弗洛伊德还提出了潜意识（subconsciousness）这一心理学术语。它是指人类心理活动中，不能认知或没有认知到的部分，是人们"已经发生但并未达到意识状态的心理活动过程"。我们是无法觉察潜意识的，但它影响意识体验的方式却是最基本的——我们如何看待自己和他人，我们如何做出关乎生死的快速判断和决定能力，以及我们本能体验中所采取的行动。潜意识所完成的工作是人类生存和进化过程中不可或缺的一部分。潜意识可分为前意识和无意识两部分。如果说意识好比是欧几里得几何，那么前意识和无意识就是罗巴切夫斯基几何和黎曼几何。

弗洛伊德的父亲是个犹太裔皮毛商人，他是父亲第三次结婚后生下的第一个孩子。三岁那年，全家迁居莱比锡，一年后又迁到维也纳，除了生命的最后一年因德国侵占奥地利搬到伦敦避难并在那里去世，他在音乐之都居住了78年。但弗洛伊德并不喜欢维也纳，部分原因是市民经常反犹。尽管如此，精神分析学是以这座帝国都市的文化和政治为背景的。例如，他的父辈所遭受的权力衰落可能促动了弗洛伊德学说里父亲权威易受伤害的感触；他对女孩们被诱奸的主题很感兴趣，这一点同样可以追溯到维也纳人对妇女性生活的态度。

弗洛伊德小时候，家里经济比较拮据，幸好时常得到两个在曼彻斯特经商的同父异母哥哥的接济。弗洛伊德学习成绩优异，并连续六年担任班长，他尤其擅长语言，不仅德文和希伯来文名列前茅，拉丁文、希腊文、法文、英文和意大利文成绩也相当突出。显然他是母亲最宠爱的孩子，母亲晚年说起他时总称他为"我的宝贝西格伊"，而弗洛伊德自个儿也认为他是母亲"无可争议的宠儿"。每当他在家学习时，四个妹妹出奇地安静，她们中有几个原本处于好动的年纪。

1873年，17岁的弗洛伊德从文科中学毕业，进入维也纳大学攻读医学。在此之前，可能在一次朗诵会上，他听到有人朗诵德国诗人歌德论自然的随笔，因此决定选择医学作为职业。在维也纳大学九年求学期间，他在学校动物研究所和生理研究所进行过研究，并与当时知名的生理学家布吕克一起工作过，后者是黑尔姆霍兹医学学派领导人之一，这个学派的宗旨之一是清除生物学中的宗教观点。受其影响，弗洛伊德毕生的抱负就是建

16岁的弗洛伊德与母亲

弗洛伊德像（1921）

立科学的心理学，即用可以计算的引力和斥力解释所有心理活动，从而使得心理学符合物理和化学定律。

1882 年，弗洛伊德进入维也纳总医院，做了一名临床医学助教。据说他没有继续做研究是因为听从布吕克的劝告，为了改善经济条件；那时候他已经在谈恋爱，不得不为结婚和生儿育女考虑。三年以后，弗洛伊德被任命为神经病学讲师，同时获得一笔旅行奖学金，到巴黎师从著名的神经病学专家夏尔克。在巴黎的四个月是弗洛伊德事业上的转折点。当时夏尔克正在研究"歇斯底里的人"，他的工作使弗洛伊德意识到心理障碍的根源可能在心灵而非大脑，从此弗洛伊德开始对癔病和精神病理学产生浓厚的兴趣。

1886 年，弗洛伊德从巴黎学习归来，即在维也纳挂牌行医，专治精神病。数个月以后，他与订婚已久的玛莎结了婚。玛莎出身于犹太望族家庭，其先辈里有一位汉堡犹太教首席教士，还有大诗人海因里希·海涅。他们生了六个孩子，最小的一个是女儿安娜。安娜依靠自己的努力，也成为著名的心理分析学家，是儿童精神分析法的创始人，也是该领域杰出的临床工作者之一。她认为游戏是儿童适应现实的手段，出版过多部儿童心理学的名著，包括与人合著的《战时的幼儿》《无家可归的婴儿》《战争与儿童》等。

在弗洛伊德的精神分析著作中，性的问题起着很大的作用，因而人们也很自然地对他本人的性生活和婚姻状态产生兴趣。这就像比他小 13 岁的法国大画家马蒂斯颠覆性的作品被批评家斥为野兽派以后，有好奇的记者专程前往采访，试图挖一些花边新闻娱乐大众，结果却大失所望。因为马蒂斯无论是外表看起来,还是举止谈吐都像一位学究式的教授。而马蒂斯的作品主题除了灰暗的战争年代以外,却总是"生之欢乐",他的画面中最常见的是赤身裸体的人们载歌载舞,或是在阳光明媚的户外,或是在色彩艳丽的室内娱乐。

出生于威尔士的英国心理学家琼斯(Ernest Jones,1879—1958)是弗洛伊德学说的坚定支持者,帮助其在英语世界传播精神分析学。琼斯在弗洛伊德去世多年以后出版了三卷本传记《西格蒙德·弗洛伊德的生活与工作》(1953—1957),他认为玛莎是弗洛伊德一生中最爱也是唯一爱过的女人,并认定弗洛伊德与其妻妹米娜和俄罗斯名媛莎乐美有暧昧关系的说法是没有任何证据的。米娜自1896年便搬到姐姐家里住且终生未嫁,俄国女作家莎乐美(Lou Andreas-Salomé,1861—1937)是哲学家尼采和诗人里尔克爱慕的对象和女友,在1911—1913年做过弗洛伊德的学生,之后与弗洛伊德保持了长达20多年的通信,她们可能比玛莎更加理解、更能领会他的学术思想。

弗洛伊德相信人类是双性的,身体上有性乐区,甚至认为儿童也有性欲。弗洛伊德的合作者中,有柏林的鼻喉科医生弗利斯(Wilhelm Fliess,1858—1928)和维也纳的内科医生布洛伊尔(Josef Breuer,1842—1925),弗洛伊德的许多最大胆的想法都曾与他们探讨过。或许正是因为对性的长期研究和探讨,使得弗洛伊德本人的性欲比普通男子衰退得更早。虽说是弗洛伊德把性的问题变成可以探讨的主题,可他本人对自己的性生活却闭口不谈;虽说是他的学说和理论支持了性解放,可他本人却过分地洁身自好。从这个意义上讲颇具讽刺意义,弗洛伊德为此做出了牺牲。

《梦的解析》

19世纪80年代，大多数到神经病专科医生处看病的病人都是神经官能症患者，肌体上并无病症。那时除了催眠术以外，并无其他有效的办法。可是，催眠术又有巫术和庸医之嫌，因此弗洛伊德开业之初，采用催眠法治疗时，他是有些不好意思的。1892年，弗洛伊德用"自由联想"代替催眠术，取得了成功，并使这种疗法有了体面的科学地位。所谓"自由联想"就是让病人想到什么说什么，这种不受指引的随想随谈可让病人回忆起长期压抑在心头的心灵创伤。这一宣泄疗法的理论依据是：神经官能症的症状是受压抑的感情在身体上的表现，如果回忆起造成这种痛苦的往事，再把这种"被扼杀了的"（无意识）感情表达出来，病状就会消失。

1895年，弗洛伊德与布洛伊尔合著的《癔病研究》（又译《歇斯底里研究》）出版了，后者也是这部书的出资人。书中给出了"自由联想"疗法（布洛伊尔称之为"谈话疗法"）的临床病例，还试图解释受压抑的感情是如何变成身体上的病状。可以说这部书一方面是基于他们的临床经验，另一方面也是已故德国犹太作家伯尔内（Ludwig Börne，1786—1837）所提倡的自动写作法的延伸。这部著作通常被看成是精神分析学的开山之作，书中还引入了诸如创伤、压抑、无意识、移情（transference）以及发泄等新概念。

但是，布洛伊尔对书中下列两个结论持有不同的观点：接受"自由联想"疗法的病人对治疗医师的感情极深；致病的、创伤性的往事往往与性的问题有关。可是，这类道德上的风险和分歧并未影响弗洛伊德的研究，他最终想出了"移情"这个概念解释前者，而用幼儿性能力的理论来解释后者。尽管如此，弗洛伊德与布洛伊尔这对合作者最终因为这两点分歧而分道扬镳。此外，"自由联想"过程中有时会出现困难——突然的沉默不语和口吃，弗洛伊德称之为病人的防御倾向，是一种"阻抗"（resistance）。他根据治疗女性歇斯底里病人的经验，认为"阻抗"最常见的原因属于性的范畴。

在创建精神分析学的过程中，弗洛伊德经常会陷入沉思和孤独，尤其是布洛伊尔离他而去以后，每每陷于自己的梦中不能自拔，他甚至患上了心脏病。这种孤独感在他与弗利斯医生通信和偶尔的会面时才有所缓解，几乎所有同行都认为，他在弗利斯身上体现出了"移情"。1896年，弗洛伊德的父亲去世，他极度悲痛。之后，他全身心地投入《梦的解析》的写作。在这部巨著的最后，他有把握地声称自己发现了三个真理：梦是无意识的欲望和（多数情况下）儿时欲望伪装的满足；每个人都有俄狄浦斯情结，希望占有父母之中与自己性别相异的，而杀死与自己性别相同的；儿童具有性爱的感情。

1899年，《梦的解析》正式出版了。为了强调其划时代的意义，弗洛伊德要求把印刷日期写成20世纪初。书中提出了他的发

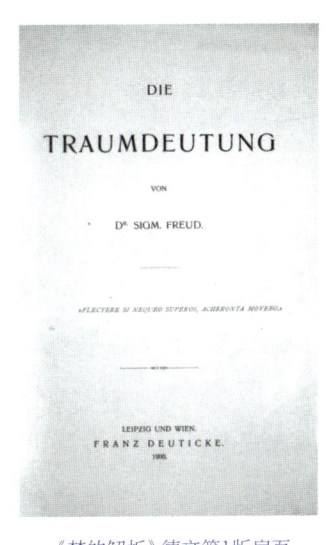

《梦的解析》德文第1版扉页

维也纳郊外的纪念碑,弗洛伊德在此获得写作《梦的解析》的灵感

现,他分析了自己的梦例和临床实践中病人所讲的梦例。弗洛伊德认为,梦在精神生活中起了主要作用。没有所谓的玩笑,所有的玩笑都有认真的成分。心灵的能量是不固定的、可塑的力量,可流于过剩而成为困扰的力量。为此弗洛伊德发明了一个词"力比多"来形容它,主要是指(但也不仅仅指)性驱力。他认为,这个力量如果适时释放出来就能得到快乐,否则就会酿成痛苦。如果不能通过直接动作得到满足,力比多能量就会通过精神渠道寻求释放。

用"释梦"的语言来讲,上述欲望能用在想象中实现欲望的方式求得满足。弗洛伊德宣称,所有的梦,即使带有焦虑色彩的噩梦,也都是满足这类欲望的手段。确切地说,梦是欲望的伪装表现,它把做梦者最近几日白天经历的琐事和最深层的经验混淆在一起。可以忆起并讲述出来的梦的内容，实际上已遮盖隐蔽的真意。梦是以扭曲的形式体验到的被禁止的欲望，必须经过解释才能了解梦。在《梦的解析》一书中，弗洛伊德提出一种解释方法来揭开梦的伪装，他把这种伪装称为梦的工作。

弗洛伊德指出，梦的工作有四个基本活动。只要注意到这些基本活动，梦最终都能被解释出来，揭开令人迷惑的假象。第一个活动是凝聚，即把几个不同的梦的成分融合在一起，弗洛伊德称之为过度决定。第二个活动是置换，即把梦的思想偏置于中心之外，也意味着把一个有关联的人用另一个无关的人替代，例如国王象征了父亲。第三个活动是转化，即把思想转化为形象，而释梦是通过自由联想把视觉的形象变回到人们思想的语言。最后一个活动是修饰，即以叙事式的连贯性来填补梦的内容，让梦变得有秩序，容易理解。

梦的解释就是把梦的工作倒转方向，由对梦的有意识讲述出发，通过前意识，越过监察作用，进入到无意识的本身。所谓监察是人的心灵的理性部分，监察大多发生在白天，睡眠使心灵的监察放松，但夜间监察仍部分存在。可以说，《梦的解析》像一支火炬，照亮了人类内心生活的洞穴，揭示了许多埋藏于心灵深处的奥秘。它为潜意识学说奠定了稳固的基础，是人类认识自身的里程碑。从某种意义上讲，只有非欧几何学的发现可以与之媲美，如同鲍耶所言："从虚无中，我开创了一个新的世界。"书中包含了一系列对文学、艺术、教育等领域有启示性意义的新观念，正如希尔伯特在 1900 年巴黎国际数学家大会的演讲指引了 20 世纪数学的发展，同年出版的《梦的解析》也在人类心灵方面引导 20 世纪文明的进程。

精神分析运动

20世纪前20年,弗洛伊德致力于阐述、发挥和宣扬他的精神分析学,他写下了80篇论文和9部专著,其中最主要的有《日常生活中的精神病例学》(1904)、《关于性欲理论的三篇论文》(1905)、《图腾和禁忌》(1913)和《精神分析引论》(1915—1917,英文版1952)。与先前的英国生物学家达尔文一样,弗洛伊德认为原始人是群居的,其首领是一位强有力的男子,他不准其他青年男子接近他的女人。他还认为,青年男子经常联合在一起弑食父亲,并用图腾宴会方式纪念这类原始罪恶。

1902年,一些仰慕者集合在弗洛伊德的维也纳诊所内,开始了著名的心理学星期三聚会,参加者有未来精神分析运动的卓越领袖,如本国的阿德勒(Alfred Adler,1870—1937)、施特克尔,外国的费伦奇、荣格(Carl Jung,1875—1961)、兰克、艾丁根和布里尔。六年以后,这个聚会改名为维也纳精神分析学会,并在萨尔茨堡举办了首次国际精神分析学会议。同年,柏林也成立了第一个分会。1910年和1919年,又分别创建了国际精神分析学会和国际精神分析学出版社。也是在1919年,弗洛伊德的又一个信徒、后来移民美国的奥地利小伙子赖希(Wilhelm Reich,1897—1957)也加入了学会。

1910年,弗洛伊德偕同荣格和费伦奇一起到美国马萨诸塞州伍斯特的克拉克大学做了一次历史性的旅行。他在那里做了演讲,讲稿不久后以《精神分析的起源和发展》为名出版(1910),这是他写给大众的第一本书,包含了一系列后来人们熟知的病例研究，这本书使得弗洛伊德的学说影响超出了学术圈。而随着《精神分析引论》的出版，他以大众都能理解的语言向普通读者阐述了精神分析学的基本理论，其中对性象征主义的解释最为清楚。至此，弗洛伊德的精神分析观点已被公众广为知晓，可以这么说，一场全球性的精神分析运动开展得如火如荼。

这20年里，弗洛伊德学说也发生了很多变化，有些甚至是令人吃惊的。一个微小的例子：为了促进移情，他发明了有名的技巧，即让病人躺在靠椅上，不直接面对医生，让他或她自由幻想，尽可能地不被打扰，医生保持克制和中性态度。一个较为明显的例子：他试图把早年的精神划区论（意识、前意识、无意识），改变为后来的精神结构论（本我、自我、超我）。"本我"（id）即"伊特"，是指无组织、无意识、本能冲动；"自我"（ego）是在外界作用下"伊特中发生变化的那一部分"；"超我"（super-ego）是指"自我"中产生自我批评、自我反责、自我怨恨的那一部分。

美国心理治疗大师萨提亚（Virginia Satir，1916—1988）提出了冰山理论或冰山隐喻，她指出一个人的"自我"就像一座冰山，只有表面很少一部分行为或应对方式被人看见，而大部

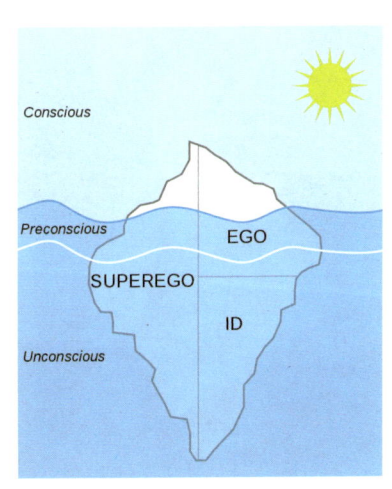

冰山隐喻与本我、自我和超我

第五章　梦幻与现实　241

分内心世界隐藏着不为人所见,恰如冰山,其中包括其他行为和应对方式,以及感受、观点、期待、渴望和自己。感受有喜悦、兴奋、着迷、愤怒、伤害、恐惧、忧伤、悲伤;观点有信念、假设、预设立场、主观现实、认知;期待有对自己的、对他人的和来自他人的;渴望包含爱、接纳、归属、创意、联结和自由;自己包含生命力、精神、灵性、核心和本质。依据萨提亚的理论,一个人和其原生家庭有着千丝万缕的联系,这种联系可能影响其一生。

赖希认为,弗洛伊德的这一思想是对以往他自己的全部主张的倒退和背叛,因为他似乎在主张以自我去控制难以驾驭的冲动,而不主张解放力求进行自我表达的本能愿望。果然不

1922年,弗洛伊德(前排左1)和同道,后排右1为琼斯

久，赖希和费伦奇、兰克先后与弗洛伊德绝交，而在此以前，阿德勒在1911年、施特克尔在1912年、荣格在1913年也先后与弗洛伊德分裂。只有琼斯始终忠实于恩师，在他撰写的传记中申明弗洛伊德没有过错。后世的研究表明，弗洛伊德的思想发展和传播过程中存在各种是是非非，与其说精神分析运动是一个科学团体，不如说更像是一个教派。

说到弗洛伊德的弟子和曾经的追随者，他们有的虽与老师分道扬镳但仍成就非凡，成为各自领域的执牛耳者。下面介绍其中三位——阿德勒、荣格和赖希。阿德勒比弗洛伊德小14岁，在维也纳郊区长大，从小患软骨症，4岁才学会行走，这促使他日后选择医学为终生职业。在阿德勒看来，自负逞能和谋权意志这对"攻击性本能"，是较之"性本能"更重要的人行为的基本动力，这是他与弗洛伊德不同的地方。他还认为，人格的形成是由个人奋斗的目标决定的，而不是像弗洛伊德推测的那样，由过去个人发生过的事情决定的。

阿德勒在家中排行老二，这使他相信出生次序对心理会产生重要影响：老二往往特别有雄心，总是试图超过老大。阿德勒认为，弗洛伊德对于他脱离精神分析学的不满是典型的长子因为弟妹要超过自己而感到受威胁的例证。对此作者表示同意，甚至认为，在拉丁民族中，老二意大利与老大法兰西之间也存在类似的相互关系。老三西班牙和老四葡萄牙子女（殖民地）众多，他们得到了老大法兰西的诸多照顾，而老五罗马尼亚从小过继给斯拉夫民族。只有老二不服老大，无论在文化艺术、科学技术甚或时尚生活方面，这两个民族都相互竞争、交相辉映，而在以足球为代表的体育方面，意大利人甚至更胜一筹。

荣格是瑞士人，他9岁以前是独子，且在学校里成绩遥遥领先，因而童年时代多少有一种孤独感。荣格11岁去巴塞尔上学，后来进巴塞尔大学学医。正当他决定要从事外科专业时，看到一本精神病学教科书，促使他下决心从事这一当时比较冷门的专业。他在苏黎世一家精神病院工作5年以后，被任命为苏黎世大学精神病学讲师。1年以后，荣格的《早发性痴呆心理学》出版，他给弗洛伊德寄去一本，后者十分欣赏，随即邀请他去维也纳会面。荣格对精神分裂症进行研究之后形成了"集体无意识"思想，这种"集体无意识"是人所共有的较深层的思想，它处在仅能表现个人不同特点的表层思想之下。

1907年，荣格见到了弗洛伊德（那年西班牙画家毕加索在

1909年，弗洛伊德（前排左1）与同道们，前排右1为荣格

巴黎画出了《阿维尼翁少女》）。之后的 6 年时间里两人积极合作，包括一道去美国讲学。荣格辞去教职，专心于他那越来越兴旺的私人诊所。荣格的心理学被认为是"分析心理学"，与弗洛伊德的"精神心理学"有所不同。他认为"无意识"不仅是人产生精神紊乱的原因，也是热切的希冀和抱负的源泉，因此不同意弗洛伊德把病症归结为儿童时期经历的变化。他们的分歧可能来自于不同的临床经验，弗洛伊德从未在精神病院工作过。由于与弗洛伊德的分歧越来越深，荣格退出了精神分析运动，并于 1914 年辞去国际精神分析学会会长之职。

《荣格选集》长达 18 卷，证明他是一位孜孜不倦的研究者和写作者。除了交谈，荣格还运用画画、做模型、写文章作为辅助手段，他把重点放在精神上而不是肉体上，这对弗洛伊德的方法是个有益的补充。荣格的后半生漫长而平凡，有时去印度、非洲、美国或其他地方旅行，但大部分时间待在苏黎世湖畔的家中生活和工作，直至 85 岁辞世。随后，他成为西方一代青年膜拜的偶像，包括诗人黑塞、作家普利斯特利、历史学家汤因比、艺术史家里德、物理学家泡利在内的各界知名人士都对荣格表示过钦佩。

赖希我们在前面已经谈到，他不仅是精神分析学家，也是马克思主义者和性革命的先驱。与弗洛伊德一样，赖希出生于加利西亚，是奥地利公民，父亲是不信教的犹太农场主。14 岁那年，母亲自杀身亡，3 年后父亲去世。"二战"期间，他在意大利服兵役，退伍之后短暂涉猎法律后转而学医，做了一名开业医生，加入维也纳精神分析学会。而立之年，他出版了名著《性高潮的功能》，表达了这样一个观点：性本能的糟蹋是一切精神疾病的根本原因。此语已成为业界常识，但当他期望与弗洛伊德进行探讨时，却遭拒绝。翌年他在莫斯科出版了《辩证唯物主义和精神分析学》，后来却被德国共产党开除。

1938 年，希特勒入侵奥地利，年事已高的弗洛伊德在女儿安娜被捕后，被迫逃亡英国（他的四个妹妹后来惨遭杀害）。此前，在纳粹统治德国后，他的著作作为"犹太科学的成果"列入第一批销毁的书目。虽然心理治疗在第三帝国未被禁止，但精神分析基本上被放逐了，最优秀的专家纷纷逃往北美或英国。在第二次世界大战爆发数周以后，弗洛伊德因患颌骨癌死于伦敦，比弟子四散、黯然神伤的德国数学家希尔伯特早 4 年辞世。死亡并未阻碍他的学说和思想被人们接受并传播，涌现了许多弗洛伊德学派，沿不同方向发展精神分析学。无论遇到怎样的挑战和反对，弗洛伊德依然是 20 世纪以来知识界最具权威、最有影响力的人物之一。

值得一提的是，弗洛伊德的孙子卢西安·弗洛伊德（1922—2011）是个画家，出生在柏林，1933 年随父母移居伦敦，后来成为表现主义绘画大师。2008 年，他的画作《沉睡的救济金管理员》（1995）以 3360 万美元售出，创在世画家的最高记录。而在巴黎，第一个信奉精神分析学的是法国诗人安德烈·布勒东，他是超现实主义运动的领袖和创始人之一，是将要在下一章出现的重要人物。

第六章

个性与共性

为赢得每一位数学家的心,
拓扑天使和代数魔鬼都要角斗。
——［德］赫尔曼·外尔

神奇的东西总是美的,
甚至只有神奇的东西才是美的。
——［法］安德烈·布勒东

1852年,德国数学家黎曼在哥廷根大学无薪讲师就职演讲中,首次提出并构建了黎曼几何,同时阐明了欧几里得几何、罗巴切夫斯基几何与黎曼几何的相互关系。此前5年,即1847年,黎曼的师兄利斯汀(John Listing,1806—1882)在一篇论文中首次使用了拓扑学这个词的德文(topologie),从此我们有了名字最好听也最时尚的数学分支。这篇论文也是在哥廷根大学发表的,时间是1848年。10年以后,利斯汀与他的师叔莫比乌斯(August Mobius,1790—1868)各自独立发现了著名的莫比乌斯曲面(带),而他定义的拓扑不变量如今被称为利斯汀数。相比之下,虽说群的概念最迟在1832已经出现,但直到1926年,抽象代数作为一门数学分支才真正形成。

1919年,正当国际精神分析学出版社在维也纳成立,赖希加入国际精神分析学会之际,法国诗人安德烈·布勒东(Andre Breton,1896—1966)和菲利普·苏波(Philippe Soupault,1897—1990)利用自动写作法,在巴黎开始合作写作诗集《磁场》。之后,在达达主义短暂而狂热的插曲过去以后,新生的超现实主义小组把布勒东的《超现实主义宣言》奉为宪章。该宣言不仅把无意识实践作为一种探索方法(依据的正是弗洛伊德的研究),由此寻找以无对象语言形式出现的无意识的原材料;同时,超现实主义也把诗歌解释成一种有目的的活动,这一活动把诗人从封闭的文学空间引出来,进入五彩缤纷的现实世界中去。在此前后,表面上含蓄内敛、内在却情感浓烈的表现主义在德国东部的德累斯顿和慕尼黑兴起并时隐时现,在因为理想破灭和纳粹分子上台而毁灭之后,又在大洋彼岸的纽约以另一种面目重生。

《超现实主义》创刊号封面(1924.10.1)

1 —— 拓扑天使与代数魔鬼

拓扑学的前世今生

正如我们在第四章介绍的,今天俄罗斯广袤的土地上,有一块远离本土的飞地,叫加里宁格勒,它位于波罗的海沿岸,傍依着波兰和立陶宛。历史上,它曾是欧洲第一个信奉新教的普鲁士公国的首都,当时的名字叫哥尼斯堡,后来又与柏林成为布兰登堡—普鲁士公国的联合首都。有一条水量充沛的普莱格尔河流经此城,并注入波罗的海。河中央有一座小岛,18世纪初,这座岛屿与河岸之间共建有七座桥。1735年的一天,有位市民突发奇想,他提出这样一个问题。能否从城内某处出发,走遍这七座桥,每座桥只走一次,回到出发地?

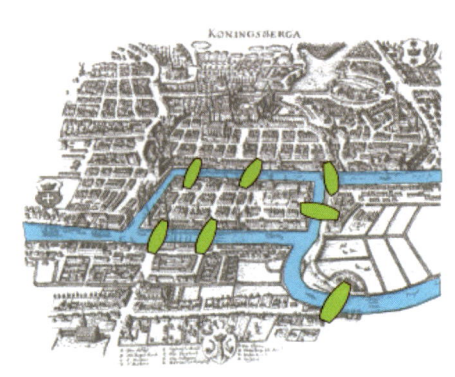

哥尼斯堡七桥

此问题一经提出,经过当地报纸的宣扬,立刻成为大众感兴趣的话题,甚至变成了一项消遣性的娱乐活动。许多人亲力亲为,加入步行探索者的行列。大哲学家康德那年11岁,还是个小学生。他出生在哥尼斯堡,一生从未离开过故乡,应该听说了七桥问题,但未必为此着迷,因为他是欧几里得几何的信奉者。后来康德上了哥尼斯堡大学哲学系，数学是该系的一个专业。此后很长一段时间里，人们没有找到答案，毕竟要把七座桥依次走完的话共有5040（7！）种选择。于是，有几位大学生写信向远在俄罗斯首都圣彼得堡的大数学家欧拉求教。

说到欧拉，这位18世纪最伟大的数学家（法国人认为此荣誉属于拉格朗日）本是瑞士人，20岁应聘北上，到新成立的圣彼得堡科学院，帮助把原先一片空白的俄罗斯科学研究提升到一流的水准。有人说，欧拉访问哥尼斯堡时方才得知七桥问题，理由是，虽说那时哥尼斯堡大学（1544）已成立200多年，且哥尼斯堡与圣彼得堡都在波罗的海沿岸，但毕竟这段距离或航程不算近，且两地分属两个并不友好的国度。又有人说，问题提出5年以后，欧拉应普鲁士国王邀请受聘柏林科学院（长达25年），他才知晓此事，因为普鲁士王国定都柏林，哥尼斯堡是它下属的一个省会。

可事实是，第二年即1736年，29岁的欧拉便向圣彼得堡科学院提交了一篇题为"哥尼斯堡的七座桥"的研究论文。他在解答这个问题的同时，开创了两个新的数学分支——图论和拓扑学，由此掀开数学史上崭新的一页。在这篇论文中，欧拉给出了有关"一笔画"的充要条件。他把每块陆地当作一个点，每座桥当作一条线段，两端各有一个点。这样一来，与每个点相连的线段数目有奇偶之分，可分别称之为奇点和偶点。经过推导和计算，欧拉得出结论，连通图可以一笔画成的充要条件是：奇点个数是0或2。确切地说，当无奇点时，从任意一点出发，均可以一笔画回到原点；而当奇点个数为2时，从任意一个奇点出发，均可以一笔画到另一个奇点结束。

具体到哥尼斯堡七桥问题这个例子，共有 4 个奇点（线段数分别是 3、3、3、5），故而无解。遗憾的是，欧拉本人并没有给出上述结论的充分证明。直到一个多世纪以后，才由德国人希尔泽（Carl Hierholzer，1840 — 1871）

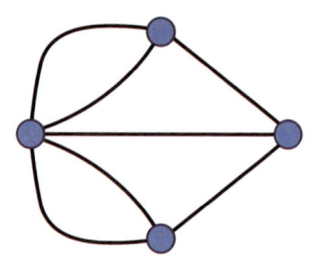

七桥问题的数学模型

给出证明。希尔泽是海德堡大学数学博士，他在卡尔斯鲁厄大学担任无薪讲师时，证明了这一充分条件。不幸的是希尔泽英年早逝，他去世前只给几位朋友看过这一证明，死后两年才得以发表。值得一提的是，若是在哥尼斯堡七桥基础上，添加一座、两座或三座桥，均可以使奇点的个数为 0 或 2，即完成"一笔画"。

　　在数学史上，欧拉对哥尼斯堡七桥问题的解答被认为是图论这一分支的开端和第一个定理（通常把一笔画成的路线称作欧拉回路，而把有欧拉回路的图叫作欧拉图），也是网络理论的第一个真实的证明，后者如今被普遍认为是组合数学的一个重要分支。与此同时，欧拉已认识到重要的是桥的数量及其端点列表，而非它们所在的确切位置或形状，这预示着拓扑结构的发现和肇始。城市和桥梁的实际布局与图形示意图之间的差异就是一个很好的例子，它说明拓扑结构与物体本身的刚性形状并无关联。

　　因此，正如欧拉所认识到的，"位置几何"（拓扑学一词原意）不是关于"测量和计算"，而是关于更一般的东西。依照亚里士多德的传统观念，数学是"数量的科学"，这一观点现在开始受到人们的质疑,尽管它比较符合算术和欧几里得几何,但不符合拓扑学和现代数学所研究的更为抽象的结构特征。举例来说,一团黏土可以看作是物质点的集合,它可以变形(如变成一个球或细长条)而不变其拓扑性质。另一方面,人们也注意到了,欧拉的结论并不只是关于抽象的模型,而是与城市和桥梁的实际布局有关。这一点说明了,数学证明的确定性可以直接应用于现实,这对数学家无疑是一种鼓舞。

可以说哥尼斯堡七桥问题既属于图论,又属于拓扑学。有着同样特点的还有地图四色问题,它的历史几乎一样悠久。四色问题又称四色猜想、四色定理,最先是由一位叫古德里(Francis Guthrie)的南非青年提出来的。1852年,刚从伦敦大学毕业的古德里来到伦敦一家科研单位搞地图着色工作,他发现每幅地图都可以只用四种颜色着色。这个现象能否从

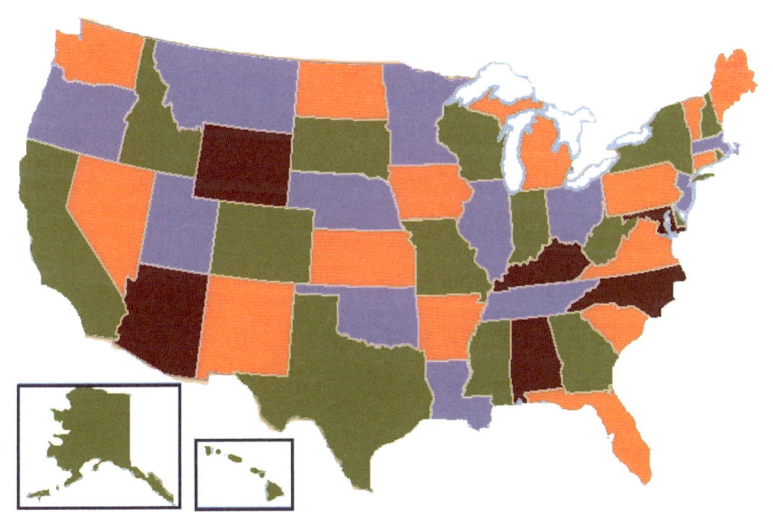

四色的美国地图

数学上严格证明呢？他和他正在读大学的弟弟弗雷德里克决心一试，结果没有成功，弗雷德里克随后就此问题请教了老师、印度出生的英国数学家德·摩根（Augustus De Morgan，1806—1871）。德·摩根也没有能找到解决这个问题的方法，便写信给爱尔兰数学家哈密尔顿爵士（William Hamilton，1805—1865），但直到哈密尔顿逝世，也没有给出解答。

1872年，曾极力促使剑桥招收女生的英国数学家凯利（Arthur Cayley，1821—1895）正式向伦敦数学学会提出了地图四色问题，这使得四色猜想与古希腊的三等分法和化圆为方问题一样广为人知。许多一流的数学家都参与研究这个问题，其中不乏宣称证明了四色定理的人。但直到1976年，美国伊利诺伊大学的数学家小组，在阿佩尔和哈肯领导下，结合计算机运算和理论探索，才最终证明四色定理，轰动了世界。但人们依然期待一个完整的纯数学的证明。奇怪的是，对于看起来更为复杂的环面（轮胎型曲面）的情形，早已证明七种颜色是最少的数目；而平面地图的五色定理，也早已有之。

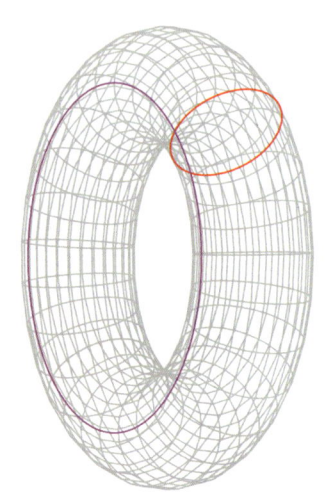

环面上的两个彩环
无法连续拧紧到一个点

四色定理的拓扑证明关键在于，将它归结为二维平面内两条直线相交的问题，具体方法如下：一、将地图上不同的区域用不同的点来表示；二、点与点之间的连线用来表示地图上两个相邻区域之间的逻辑关系。因此，线与线之间不可交叉，否则就超越了二维平面，这种平面可称为逻辑平面，它只反映区域之间的关系，并不反映实际位置。通过以上的变换处理，可以将无穷无尽的实际位置，变为有条理、可归纳的逻辑关系来讨论，从而提供了简单证明的可行性。如果证明可用一句话来说，那就是："二维平面不存在交叉直线，只存在共点直线。"

按照拓扑学的划分，四色问题和七桥问题均属于代数拓扑的范畴，同样属于代数拓扑的还有笛卡尔—欧拉示性数。这个概念是笛卡尔于1635年最早提出来的，后来又在1752年由欧拉再度发现。他们两人都注意到了，任何没有洞的多面体的顶点数减去其棱数再加上其面数，结果都等于2，即：

$$V - E + F = 2$$

此处 V 表示顶点（Vertex）数，E 表示棱（Edge）数，F 表示面（Face）数。

例如，金字塔形的四面体，满足 $4-6+4=2$；又如长方体，满足 $8-12+6=2$。而对于有一个洞的多面体，则此数为0。第一个给出证明的是法国数学家柯西，1809年他在20岁时给出漂亮的证明。这些数在拓扑变形时是不会改变的代数量，它们只与物体的拓扑性质有关。

除了代数拓扑，还有点集拓扑（又称一般拓扑）和微分拓扑，而拓扑学最初却归于几何学类，可见拓扑学渗透到数学的各个领域。点集拓扑主要研究拓扑空间的自身结构及其间的连续映射。所谓拓扑空间是由称为"基"的一族集合构成的，常见的有 n 维欧氏空间、实希尔伯特空间、笛卡尔积空间。假如两个拓扑空间 A 和 B 有双向连续的一一对应，就说 A 和 B 拓扑等价或同胚。赫赫有名的庞加莱猜想（1904）既属于代数拓扑又属于微分拓扑，它说的是：

任何一个单连通的闭的三维流形一定同胚于一个三维球面。

2002 年和 2003 年，犹太裔俄罗斯数学家佩雷尔曼（Grigory Perelman，1966 —　　）在互联网上贴出了三篇论文，宣告他已证明了庞加莱猜想。在 2006 年马德里国际数学家大会上，国际数学联盟授予佩雷尔曼菲尔兹奖，被他拒绝。同样，他也拒绝了纽约克莱数学研究所 100 万美元的"千禧年数学大奖"。值得一提的是，1966 年和 1986 年，美国数学家斯梅尔和弗里德曼因为证明了高维和四维的广义庞加莱猜想先后获得一枚菲尔兹奖。

下面这个较为形象的例子属于点集拓扑。众所周知，在北极点每一个方向都是朝南的，称为奇点。这是经纬线的一个特性，可以证明，不存在没有奇点的坐标系。还可以证明，地球上总有一个地方没有风，就如同每个人的头顶总有一个地方不长头发。这几个完全不同的事实验证了拓扑学的一条规律——不动点定理。它说的是，球面到它自身的任何同胚至少有一个不动点。不动点定理是由荷兰数学家布劳威尔（L. E. J. Brouwer，1881 — 1966）于 1911 年发现并证明的。另外，把一条长方形纸带的一个短边扭转 180 度后再与对边连接，就能得到莫比乌斯带的一个模型。它是一个单侧曲面，代表一种典型的拓扑性质。凤凰卫视北京总部大楼的形状便是一条莫比

莫比乌斯带

乌斯带，而澳门的摩珀斯（Morpheus，希腊睡神）酒店则是在中央镂空了一个莫比乌斯曲面，由伊拉克裔英国建筑师哈迪德（Zaha Hadid，1950—2016）爵士设计。

如上所言，拓扑学的不动点理论可以解释台风中心（风眼）为何风轻云淡，那是气压最低的地方。说到北太平洋西岸的台风，它与北大西洋西岸的飓风十分相似，它们与龙卷风的区别在于，一个是借助长距离的助跑，一个是借助小范围的旋转，最后均形成巨大的能量和摧毁力。这种差别，好比田径场上的跳跃项目和投掷项目，它们聚力的方式不同。一般来说，拓扑学这一数学分支学科研究具象元素或抽象元素集合的某些特殊性质，特别是在这些集合经受变形（但不损坏）时仍然保持不变的那些性质。

诺特与抽象代数

英国哲学家罗素曾经说过："当人们发现一对雏鸡和两天之间有某种共同的东西（数字2）时，数学就诞生了。"这个说法颇有意味，不过也可能把数学的诞生提前了数千年。在作者看来，数学的诞生或许要晚一些，即人们从"2只鸡蛋加3只鸡蛋等于5只鸡蛋，2枚箭矢加3枚箭矢等于5枚箭矢，等等"中抽象出"2+3=5"之时。事实上，这两种说法有相似之处，即从若干具象的事物中抽象出某种共同的特质来。抽象代数的出现，也具备这一特点，它是现代数学诞生的标志之一。

抽象代数是初等代数的一种比线性代数或高等代数更为抽象的发展，它把初等代数的基本运算推广到不必是数的各种元素的集合，形成各种代数系统。每一个代数系统是某一类数学对象的集合，连同结合它们的某些运算以及这些运算所满足的法则。根据这些运算及其所满足的法则的不同，形成了各种各样的代数范畴，最常见的有群（group）、环（ring）、域（field）、格（lattice）、理想（ideal），以及伽罗瓦理论，等等。数学家利用公理化方法，探讨实数和复数以外的不同元素，例如向量、矩阵、变换等，这些元素拥有各自的演算规律。他们将这些演算经由抽象手法提取出来，并由此达到更高的层次，从而催生了抽象代数。

群 这个集合的元素只有一种运算，并且满足一定法则。元素可以是数，也可以是球面的旋转，等等。群能最好地描述几何图形的对称性。法国数学家对群有最主要的贡献，拉格朗日最早考虑了群的概念，柯西最先研究了置换群。挪威数学家阿贝尔（Niels Abel，1802—1829）证明了五次和五次以上多项式没有一般根式解后，法国数学家伽罗瓦（Evariste Galois，1811—1832）用置换群的方法证明高次方程有解的充要条件是该方程对应的群是可解群，即伽罗瓦群。

挪威发行的阿贝尔纪念邮票　　　　　伽罗瓦肖像

群 G 的定义如下：它是一个非空集合，拥有一种二元运算，通常称为乘法，G 对乘法是封闭的，即两个元素的乘积仍在群里。此外，它还满足三条性质：

1）结合律，设 x, y, z 是 G 中元素，$(xy)z=x(yz)$；

2）存在单位元素 1，使对 G 中任何元素 x，均有 $x1=1x=x$；

3）对于 G 中任何元素 x，存在逆元素 y，满足 $xy=yx=1$。

如果 G 的元素满足交换律，即 $xy=yx$，则 G 被称为交换群，或阿贝尔群[①]。

环　这个集合的元素有两种运算：加法和乘法，对于加法

---

① 对早夭的挪威天才数学家阿贝尔的另一个褒奖是 2002 年（阿贝尔诞辰两百周年）挪威政府设立的阿贝尔奖，弥补诺贝尔奖没有数学奖的遗憾，每年授予一至二名数学家，奖金接近诺贝尔奖。

它是一个交换群，对于乘法它满足结合律，同时乘法对于加法满足分配律，即 $x(y+z)=xy+xz$，$(x+y)z=xz+yz$。如果环 R 的乘法也是可交换的，那么 R 称为交换环。环 R 若有元素 $a \neq 0$，$b \neq 0$，$ab=0$，则称 a 和 b 是 R 的零因子。一个有逆元素但无零因子的交换环被称为整环。例如，全体整数的集合，所有系数在某个整环里的一元多项式全体，均构成整环。

历史上，环论发展的一个主要动力是费尔马大定理。19 世纪以来，德国数学家在这方面作出重要贡献。他们首先发现，这个问题关系到由代数整数（首项系数为 1 的整系数多项式的根）形成的环因子分解唯一性问题。狄利克莱和库默尔（Ernst Kummer，1810 — 1893）各自发现这样的环里类似于整数的分解唯一性定理并不总是存在。为此库默尔和戴德金（Julius Dedekind，1831 — 1916）引入了"理想"的概念，它被证明对环论和包括费尔马大定理在内的代数数论有着重要的意义。到了 19 世纪末，环论与代数几何发生了密切的联系，出现了所谓的坐标环。1925 年，德国女数学家诺特（Emmy Noether，1882 — 1935）建立了诺特环，一步步把我们引入抽象。

诺特像

域 域是有除法的交换环，即拥有四则运算（除数不为 0），例如全体有理数（实数、复数）组成的有理数域（实数域、复数域）。有限个元素组成的域称为有限域。例如，对任意素数 p，模 p 的剩余类 0，1，……，p-1 组成的集合构成了有限域。伽罗瓦理论是域论的主要组成部分，有限域的理论还被广泛地应用到数字信息传递中的检错码和纠错码设计问题。

虽说伽罗瓦 20 周岁便死于为情人决斗，此前还两次作为政治犯被捕入狱，却是 19 世纪最伟大的数学家之一，也是抽象代数最重要的创始人之一。群的理论帮助解决了一般的 5 次和 5 次以上方程不能用根式求解，以及用直尺和圆规三等分角或倍立方体不可能等数学难题。更重要的是，群论开辟了全新的研究领域，以结构研究代替计算，把人们从偏重计算研究的思维方式转变为用结构观念研究的思维方式。群论对于物理学（尤其是量子力学）、化学等学科的发展，甚或晶体材料提炼方面均能发挥重要作用。可以这么说，伽罗瓦理论如今是抽象代数乃至整个数学领域最重要的工具之一。

1843 年，哈密尔顿给出了非交换环的第一个例子四元数，它来自初等代数，这预示着代数学的革命性时代到来。翌年，德国数学家格拉斯曼（Hermann Grassmann，1809 — 1877）推演出更具一般性的几类代数，包括超复数，由此引申出的张量分析帮助爱因斯坦推导出广义相对论，后者命名了张量分析。值得一提的是，格拉斯曼还是语言学家，曾被图宾根大学授予荣誉哲学博士学位。1857 年，凯莱设计出另一种不可交换代数矩阵代数。1870 年，克罗内克给出了有限阿贝尔群的抽象定义，戴德金开启了体的研究；后来，他们两人又创立了环论。这些人的工作开启了抽象代数的大门。

最后，我们来说说数学家中的女杰诺特，她被公认为是抽象代数的主要奠基人，享有"代数女皇"的美誉。诺特不幸早逝后，爱因斯坦曾为《纽约时报》撰文，称赞她是有史以来最伟大的女数学家。诺特出生于德国埃尔朗根，父亲是位数学家，母亲是富有的犹太商人的女儿。诺特是长女，很有语言天赋，但由于父亲身体不好，同事们常来家中看望并探讨数学问题，这激发了她的数学兴趣。1900年诺特进入父亲任教的埃尔朗根大学，成为数学系唯一的女生。起初她只能做旁听生，3年后才得以正式注册，7年后获得博士学位。在此期间有一年，诺特赴哥廷根大学学习，受到了希尔伯特和克莱因等大师的熏陶。

诺特对代数拓扑、代数数论和代数几何的发展均有重要贡献。起初她主要研究代数不变量和微分不变量，在哥廷根大学的就职论文中，讨论连续群（李群）下不变量问题，诺特定理把对称性、不变性和物理学中的守恒定律联系在一起。后来她主要研究交换代数和交换算术。1921年出版的《整环的理想理论》是交换代数发展的里程碑，从中她建立了诺特交换环理论，证明了准素分解定理。5年以后，她又给出素理想因子唯一分解的充要条件，从而奠定了现代数学中的"环"和"理想"的系统理论。一般认为，抽象代数形成的时间就是1926年。从那以后，代数学的研究对象从方程根的计算和分布，变成了数字、文字和更一般元素的代数运算规律和结构，从而完成了从古典代数到抽象代数的本质转变。

1932年，诺特应邀在苏黎世国际数学家大会上做一小时报告。翌年，因为纳粹上台，她被迫移民美国，在费城郊外的布林莫尔女子学院任教。那里离普林斯顿比较近，因此她常受邀去高等研究院做报告。1935 年，因为卵巢囊肿手术的意外失误，诺特突然告别人世。诺特终生未婚，一方面，她把大量精力投入创造性的数学研究；另一方面，她的一生都在与性别歧视作斗争，起初是为取得学习资格，后来是为拥有一个教职。博士毕业后她在母校工作了 7 年，没有获取任何报酬；到哥廷根后，也只能以希尔伯特的名义开课，4 年后方才成为无薪讲师。诺特桃李满天下，荷兰弟子范·德·瓦尔登（Van der Waerden，1903 — 1996）撰写的《代数学》广为流传，也很好地总结了诺特学派的成果；诺特唯一的中国弟子曾炯之（1897 — 1940）是我国第一个抽象代数专家。

韦伊与布尔巴基

诺特的影响广泛，甚至包括苏联学派、日本学派和布尔巴基学派。自高木贞治（Teiji Takagi，1875 — 1960）以后，许多日本数学名家都曾在德国尤其是哥廷根求学，以至于诺特初次见到曾炯之时以为他是日本人。1928 年，诺特作为客座教授访问了苏联，并在莫斯科大学讲授抽象代数，结交和影响了大批苏联同行。由于德国对妇女的歧视，诺特回国后十分怀念苏联，遂写信给莫斯科数学学会主席亚历山德罗夫（Pavel Aleksandrov，1896 — 1982）表示愿意前往任教，只是由于莫斯科的官僚主义而迟迟没有得到批准。幸好诺特没有去，她的弟弟弗里茨于 1935 年到西伯利亚的托木斯克数学力学所工作，不久因德苏亲善和犹太身份被关进集中营，从此音讯全无。

布尔巴基（Bourbaki）学派诞生于 20 世纪 30 年代中期的法

国。那会儿数学家亨利·嘉当（Henry Cartan，1904 — 2008）和安德烈·韦伊（Andre Weil，1906 — 1998）均任教于斯特拉斯堡大学，两人关系十分密切，加上附近南锡大学（现已并入阿尔萨斯大学）的迪厄多内、德尔萨特等，结成了年轻的东部集团，他们都曾就读于巴黎高师。1934年底，正当他们在巴黎参加一个数学会议时，韦伊在一家烤肉店的地下室里召集了布尔巴基第一次会议。从翌年开始，他们统一用笔名"尼古拉斯·布尔巴基"撰写和发表论文。同时从那年开始，每年夏天召开大会，研讨

穿军装的韦伊

和分派《数学原理》的写作。值得一提的是，1938年的布尔巴基大会在法国南方小镇迪约勒菲召开时，韦伊的妹妹、著名哲学家西蒙娜·薇依（Simone Weil，1909 — 1943）也来了，并与数学家们合影。

历史上，尼古拉斯·布尔巴基还真有其人，他是1870年普法战争的法军将领，在力图突破普鲁士军队防线的战役中遭遇惨败，故而采用此笔名带有诙谐的意味。而说到布尔巴基学派产生的深层次原因，可能还在于"一战"时期法德两国政府的不同政策，德国人把科学精英保护起来，让他们继续从事研究，没有让他们上战场；而法国秉承人人平等的思想，把大量

优秀的科研人员派上战场,结果相当多的精英阵亡,据说巴黎高师有三分之二的学生死于"一战"。等到嘉当和韦伊他们这一代上大学以后,大学里只剩下一些知识陈旧的老学究,他们守着古老的函数论,已无法理解和讲授诺特的抽象数学,对新兴的莫斯科拓扑学派和波兰泛函分析学派也一无所知,这让法国年轻人十分焦虑。

《数学原理》共约40卷,他们从结构主义的观点出发,认为数学就是关于结构的科学。在各种数学结构之间有内在的联系,其中代数结构、拓扑结构和序结构是最基本的三种母结构。这一思想来源于公理化方法,布尔巴基反对将数学分为分析、几何、代数、数论的经典划分,而要以同构概念对数学内部重新分类。一门数学分支可能由几种结构混合而成,比如实数集就由算术运算的代数结构、顺序结构和极限概念的拓扑结构组成。李群是特殊的拓扑群,也是由拓扑结构和群结构相互结合而成的。数学分类依据结构来进行,比如线性代数和初等几何研究的是同一种结构,即它们"同构",可以一起处理。

《数学原理》第一部分包括:卷Ⅰ《集合论》、卷Ⅱ《代数学》、卷Ⅲ《一般拓扑学》、卷Ⅳ《实变函数》、卷Ⅴ《拓扑向量空间》、卷Ⅵ

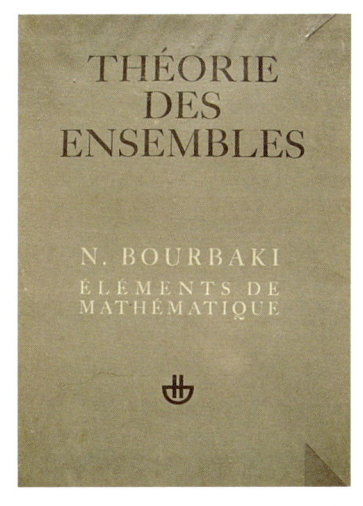

布尔巴基《数学原理》第一卷(1970)

第六章 个性与共性 265

《积分论》。"二战"开始以前，布尔巴基只完成了《数学原理》第Ⅰ卷《集合论》的一小部分。这部不到50页的小册子在1939年出版，之后于1940年出版了《一般拓扑学》前二章，1942年出版后二章及《代数学》第一章。这四本书已反映出布尔巴基的风格特征，同时它们也是《数学原理》的基础。不久，"布尔巴基的"便成为专有名词风靡西方数学界，布尔巴基学派的思想及写作风格成为年轻人仿效的对象。因为布尔巴基的权威，新的名词和符号很快得到统一，这对数学的发展十分重要。

与此同时，许多布尔巴基成员的工作也开始为大家所知，尤其是在代数数论、代数几何、李代数和泛函分析方面。到60年代中期，布尔巴基的声望达到顶峰，甚至他们讨论班的题目都会引人瞩目。可是，客观世界千变万化，尤其那些与实际问题相联系的学科，很难利用结构观念分析。而自从70年代以来，这些学科发展越来越快，它们往往与应用数学、计算数学和计算机有关。另一方面，"新数学"早已进入法国和美国的中小学教材，造成了巨大的社会问题。小学生要学集合论，中学要教环和理想，不仅学生吃不消，老师也叫苦连天，有些人因此迁怒于布尔巴基，形成了一股反对浪潮，从而导致了黄金时代的结束。不过，法国数学已重返鼎盛时期，布尔巴基完成了历史使命。布尔巴基的遗产将永存！

现在，我们要谈一谈韦伊。他出生于阿尔萨斯的一个犹太家庭，父亲是医生，母亲来自有高度文化修养的家庭。家中只有比他小3岁的妹妹西蒙妮，兄妹俩的成长比较自由，他们后来的经历也与奥地利哲学家维特根斯坦一样随性。韦伊对

"数学面临在无穷无尽的论文潮中淹死的危险"表示忧虑,他的学习和教学生涯颇具国际性:求学地点有巴黎高师、罗马大学和哥廷根大学,工作地点有印度的穆斯林大学、斯特拉斯堡大学、巴西圣保罗大学、美国芝加哥大学和普林斯顿高等研究院,同时他一直是布尔巴基的领袖。韦伊和格拉斯曼都精通梵文,韦伊还曾面见甘地。"二战"期间,他在芬兰差点被当成间谍处决,又因拒绝服兵役被判处5年徒刑,但在监狱里仍潜心研究数学。

韦伊在数论、代数几何、李群、拓扑学、微分几何学以及复分析等领域都做出了杰出成就。他是抽象代数几何的奠基人,韦伊猜想是黎曼猜想的代数几何类比,在1974年被比利时数学家德里涅(Vicomte Deligne,1944—)证明,后者利用了数学奇才格罗滕迪克(Alex Grothendieck,1928—2014)对代数几何的创新性成果,并因此获得了1978年的菲尔兹奖(2013年又获阿贝尔奖)。那一年,韦伊也应邀在国际数学家大会上作数学史的全会报告,引起数学界普遍的兴趣和关注。他的论著《数论:历史的论述》对17世纪和18世纪数论予以全面的总结。1979年,韦伊(比嘉当早一年)获得象征终身成就和荣誉的沃尔夫奖(如今沃尔夫奖的地位已被阿贝尔奖取代)。

最后,我们想谈谈分形几何学(Fractal Geometry),它是由比韦伊晚一辈、波兰出生但拥有法国和美国双重国籍的数学家曼德勃罗(B. B. Mandelbrot,1925—2010)创立的。一般几何学研究的对象是整数维数,相比之下,分形几何学的维数可以是分数或实数,它是有关斑痕、麻点、破碎、扭曲、缠绕、纠结的几何学。1967年,曼德勃罗发表了一篇题为"英国的海岸线到底有多长?"的文章,他在查阅了西欧几个国家的百科全书以后,发现这些国家对于它们共同边界的估计相差20%。事实上,无论海岸线还是国境线,长度依赖于用来测量的尺度大小。从人造卫星上估计海岸线长度的观察者,得出的数值将小于海滩上的踏勘者,后者得出的结果又小于爬过每颗卵石的蜗牛。

更进一步,曼德勃罗指出,海湾会有越来越小的子海湾,因此海岸线的长度是无限的,他称其为自相似性。这是一种跨越不同尺度的对称性,意味着递归,图形中套着图形。这个概念在西方文化中有着古色古香的渊源,早在17世纪,莱布尼茨就设想过一滴水中包含着整个多彩的宇宙;稍后,英国诗人兼画家布莱克(William Blake,1757—1827)写道:"一粒砂里看出一个世界,一朵野花里有一个天堂。"1975年,曼德勃罗在《大自然的分形几何学》一书中这样描绘:"云不只是球体,山不只是圆锥,海岸线不是圆形,树皮不是那么光滑,闪电传播的路径更不是直线。它们是什么呢?它们都是简单而又复杂的分形……"

曼德勃罗考虑了二次函数 $f(x)=x^2+c$,这里 x 是复变量,c 是复参数。从某个初始值 x_0 开始令 $x_{n+1}=f(x_n)$,便产生点集 $\{x_i, i=0, 1, 2...\}$。1980年,他发现对于某些参数 c,迭代会在某几点之间循环往复;而对于另外一些参数 c,迭代结果毫无规则。前一种参数值叫吸引子,后一种现象就叫混沌,吸引子的集合如今被命名为曼德勃罗集。在实际应用方面,分形几何学和混沌理论在描述诸如海岸线形状、大气运动、海洋湍流、野生生物群,乃至股票、基金的涨落等不规则现象时,均能起到重要作用。

曼德勃罗谈曼德勃罗集(2006)

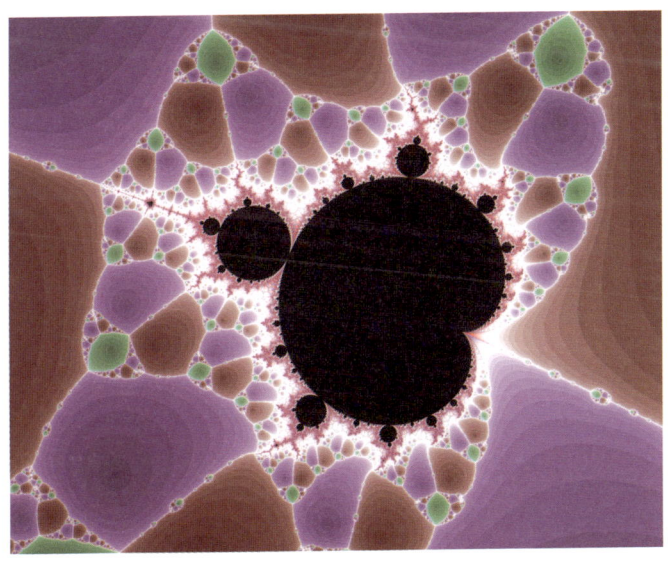

曼德勃罗集

第六章 个性与共性 269

因为复数迭代需要大量计算，所以分形几何学和混沌理论的研究必须借助高速计算机，由此产生了许多精美奇妙的分形图案，不仅被用来做书籍插图，甚至被出版商拿去制作挂历。就美学价值而言，分形几何学把理性的科学也调谐到那种特别的现代感，即追求野性、未开化、未驯养的天然情趣，这与20世纪70年代前后和分形几何同时兴起的后现代主义艺术所致力的目标不谋而合。在曼德勃罗看来，令人满足的艺术没有特定的尺度，或者说它包含了一切尺度的要素。作为方块摩天大楼的对立面，"巴黎的艺术宫殿，它的群雕和怪兽，突角和侧柱，布满旋涡花纹的拱壁和配有檐沟齿饰的飞檐，观察者从任何距离望去都能看到某种赏心悦目的细节。当你走近时，它的构造出现变化，展现出新的结构元素"。

2 —— 超现实主义与表现主义

超现实主义与诗歌

拓扑学有着华丽的几何外表,而抽象代数从诞生之日起便充斥着理性和抽象的符号。在 20 世纪五彩缤纷的艺术中,也有两个流派有着相似的风格,那便是载歌载舞的超现实主义和表面上含蓄内敛、内在却情感浓烈的表现主义。作为 20 世纪前半叶极具代表性的艺术流派,超现实主义诞生于西欧,表现主义则兴盛于中欧。从某种意义上讲,两者的区别在一定程度上也表现为法兰西和德意志两个优秀而智慧的民族之间的差异。

超现实主义是最初产生于法国的一个文学团体,后来影响到绘画、雕塑、建筑、电影等艺术形式。从 1919 年布勒东和苏波开始用"自动写作法"合著诗集《磁场》,到让·许斯特于 1969 年宣布超现实主义团体解散,历时半个世纪。从最初十几人的巴黎小组,一度发展成为波及欧美亚非数十个国家的国际性运动。2019 年是超现实主义运动诞生 100 周年、结束 50 周年,它的巨大影响力

诗人布勒东(1924)

仍然存在，可以说在西方艺术史上有着不可忽视的重要地位，超现实主义精神必将永存。

说到文学渊源，超现实主义的先驱有18世纪英国的哥特小说、19世纪美国作家爱伦·坡的怪诞故事和德国的浪漫主义诗歌，尤其是荷尔德林和诺瓦利斯著作。而法国前辈诗人无疑对超现实主义影响更大，从波德莱尔、兰波（Arthur Rimbaud，1854—1891）到不大为人所知的内瓦尔（Gerard de

诗人兰波

兰波的故乡沙勒维尔。作者摄

Nerval，1808—1855）和洛特雷阿蒙（Comte de Lautreamont，1846—1870），还有只比布勒东等人年长十几岁的阿波利奈尔（Guillaume Apollinaire，1880—1918），布勒东和苏波相识便得益于阿波利奈尔的文学圈。正是阿波利奈尔发明了超现实主义（surrealism）一词，那是在他的诗剧《蒂蕾奇亚丝的乳房》中，可以说他是超现实主义的施洗人。

在《地狱的一季》里，兰波喊出："发明一种诗的语言，它迟早会包含所有的感觉。""梦幻是第二生活"，内瓦尔在《奥蕾莉亚或梦幻与生活》中写道。洛特雷阿蒙声称"诗歌应该把人们引导到某个地方"，他的"美得像一架缝纫机和一把雨伞邂逅在手术台上"（《马尔多洛之歌》），更是成为超现实主义的至理名言。阿波利奈尔认为"差异是最伟大的新动力"，"诗无所不在，诗存在于一切事物之中……存在于街头巷尾、大庭广众之中。任何普通、平庸，甚至粗俗不堪的事物都可以成为诗歌的源泉"。据说，布勒东是在阿波利奈尔家里发现肇始于苏黎世的达达主义——超现实主义的先行者。

超现实主义在哲学上主要受黑格尔和柏格森（Henri Bergson，1859—1941）的影响。黑格尔的辩证法指出：人的认识所要把握的，并非某种给定的、一成不变的事物，而是发展、变化着的事物。他认为任何具体的、真实的事物都是对立的统一，都在矛盾中发展，都会向其对立面转化。柏格森的本体论哲学著作《创造进化论》文笔优美，曾罕见地获得诺贝尔文学奖（1927），书中"生命冲动"说和"绵延"说，打破了传统的时空观，否定了理性和意识的作用，而把直觉当作获取真理的唯一可靠的手段。黑格尔和柏格森的思想激励着超现实主义者打破偶像崇拜和传统观念，去探索文艺创作新路。

19世纪和20世纪初期，科学技术领域发生了革命性的变化，尤其是非欧几何学和抽象代数的诞生、相对论和量子科学的问世、电磁波能量的发现和应用，改变了人们原先的空间和时间概念。科学的进步告诉人们，世界上并不存在绝对的真理和权威。随着科学技术和世界的发展，昔日的真理有可能成为谬误，而那些表面看似荒唐的思想中也许就孕育着真理。总而言之，人的眼界和思想大为开阔了。超现实主义者也更有信心去发掘前人没有涉足过的领域，通过思索和创新开拓新的艺术。

当然，在有关梦幻、直觉和潜意识问题上，最有权威和影响力的还是弗洛伊德和他的精神分析学。那时候，弗洛伊德的著作基本上被译成了法文。布勒东和诗人路易·阿拉贡（Louis Aragon，1897—1982）以前都学过医学，他们很早便接触到弗洛伊德的学说，布勒东还在1921年结识了这位精神分析学家。弗洛伊德对梦幻和性欲的解释给予超现实主义者启示，他在《精神分析引论》中指出："任何梦都是某种欲望的（虚幻的）实现。"他认为梦是最享有特权的生活，没有意义的梦是不存在的。弗洛伊德的理论使得潜意识成为创作的动力和对象，许多作家和艺术家特别是超现实主义者都利用了这一点。

对性欲，弗洛伊德提出了新的概念："力比多"，即性冲动，从本质上讲是可塑的、多变的，而它的升华，即摆脱性的目的转而追求其他理想，则可以用来解释大部分文化的、艺术的和社会的活动。弗洛伊德的分析使得超现实主义者开始重视性欲和色情，试图从各种角度、以各种方式对它们加以利用和反映。布勒东在《超现实主义宣言》中写道："应当感谢弗洛伊德的发现。由于相信这些发现，一股思潮终于形成了。借助这股思潮，人类的探索者将可以更深入地发掘而不必再拘泥于那些粗浅的现实。想象力也许可以重新拥有它的权利。"

超现实主义在诗歌和绘画方面的成就无疑是最突出的，此外在小说、戏剧、雕塑、电影、摄影和服装等领域也影响甚广。超现实主义的绝对领袖、两次宣言的起草者布勒东是一位诗人、批评家，他出生在诺曼底地区的小镇丹勃什莱，是家中独子。后来他入读巴黎大学医学院，接触到弗洛伊德的学说，对精神病学尤感兴趣。大学期间他结识了大诗人保罗·瓦莱里（Paul Valery，1871—1945），开始阅读象征主义诗歌，后来因为战争中断了学业，在南特服役。1917 年，布勒东回到巴黎，在一家医院的精神病科工作，认识了诗人阿波利奈尔、苏波、阿拉贡和保罗·艾吕雅（Paul Eluard，1895—1952），同时大量阅读弗洛伊德的著作。

1919 年，布勒东创办《文学》杂志，并与苏波合写诗集《磁场》，实现了"无意识写作"。1922 年，他同罗马尼亚人查拉（Tristan Tzara，1871—1945）的达达主义产生分歧，两年后决裂。同年，他起草并发表《超现实主义宣言》，宣告超现实主义诞生，并主编《超现实主义革命》杂志。布勒东团结了一大批诗人和画家，使超现实主义运动风靡欧洲。他个人也出版了多部诗集和小说，并于 1927 年加入法国共产党，随后又退出。除了《宣言》和诗歌，布勒东还写了小说《娜佳》，可以说开一代之风气。在没有被主人公发现之前，娜佳是游荡的，当他发现了她，两人合二为一。当他守不住娜佳的时候，她住进了医院。她是为了他存在的，他发现不了她的本性，她就萦绕不去。

早期超现实主义诗人中,著名的还有德斯诺斯、普雷维尔、勒韦尔迪、佩雷等,虽说他们每个人都成就斐然,但最成功的恐怕要数阿拉贡和艾吕雅,他们两个曾是布勒东的左膀右臂。受超现实主义影响成就卓著的诗人中,还有堪称第二代的法国人亨利·米肖(Henri Michaux,1899—1984)、勒内·夏尔(Rene Char,1907—1988),希腊人埃利蒂斯(Odysseus Elytis,1911—1996),威尔士人迪兰·托马斯(Dylan Thomas,1914—1953),墨西哥人帕斯(Octavio Paz,1914—1998)和葡萄牙人德·安德拉德(Eugénio de Andrade,1923—2006),等等。他们每一个都大名鼎鼎,其中埃利蒂斯和帕斯先后获得1979年和1990年的诺贝尔文学奖。

路易·阿拉贡出生于巴黎,是个私生子,由母亲和外祖母带大,他一直以为她们是他的姐姐和养母。他的父亲是参议员,曾担任巴黎警察局长和法国驻西班牙大使,在阿拉贡母亲17岁时诱奸了她,并让阿拉贡认他做教父。阿拉贡后来进巴黎大学学医,结识了布勒东。"一战"期间,19岁的阿拉贡参军当医助,临行才得知出生真相,这对他成为诗人有重要意义。战后阿拉贡继续学医,同时开始文学创作,参与创办《文学》杂志。1927年,阿拉贡加入法国共产党,翌年在巴黎结识苏联诗人马雅可夫斯基和他的女友艾尔莎,不久艾尔莎成为他的情人和妻子。30年代,阿拉贡四次访问苏联,放弃超现实主义转向社会现实主义(Social realism)。"二战"爆发后,他再度应征入伍,曾获得军功勋章。1957年,阿拉贡获得列宁和平奖金,之后曾获得布拉格大学和莫斯科大学的荣誉博士学位。

阿拉贡的文学创作全面而丰富,是个异常多产的作家。半个多世纪以来,他发表各类作品一百多种,这些作品呈现出不同的倾向和特色。早期的诗歌无疑属于超现实主义,《欢乐的火焰》《永动集》显示了年轻诗人创新词语的天赋,评论家常用书名来形容他在文学道路上耕耘的态度。《巴黎土包子》探讨了城市和日常生活中的神奇成分,显示了他超一流的讽刺才能。他的散文作品也揭露了那个时代许多荒唐的事情。加入共产党尤其是投入抵抗组织后,阿拉贡的诗转而采用现实主义的传统手法,触动读者的心灵。法兰西和妻子艾尔莎成为他讴歌的两个主题,他为艾尔莎创作了三部诗集。许多诗篇被谱成歌曲后广受欢迎,他的知名度超越了文学圈。

相比之下,比布勒东年长一岁的保罗·艾吕雅专注于诗歌写作,也在这方面取得了更大的成就。艾吕雅出生在巴黎北郊的圣丹尼斯,母亲是裁缝,父亲是会计师,同时也开了一家房地产经纪公司。艾吕雅13岁时,全家迁到巴黎,3年后他患上肺结核,被送到瑞士达沃斯附近一家疗养院,认识并爱上一位喀山(非欧几何学诞生地)出生的俄罗斯姑娘海伦娜,她童年的伙伴里有女诗人茨维塔耶娃(Marina Tsvetayeva,1892—1941)。值得一提的是,茨维塔耶娃最后自缢的小城叶拉布加属于偏远的鞑靼斯坦共和国,喀山是首府。艾吕雅管海伦娜叫加拉,告诉她他

艾吕雅的诗集《重复》封面采用恩斯特的画

第六章 个性与共性 277

自己想成为诗人，她鼓励他"一定能成为伟大的诗人"。不久，他们的身体康复，各自回到巴黎和莫斯科。随后"一战"爆发，艾吕雅加入后勤部队，每天写150封信给伤亡者家属，晚上帮助掩埋死尸。而加拉说服继父让她到巴黎留学，绕过北欧和英国来到法国，有情人终成眷属。加拉注定成为超现实主义运动中最出头露面的女人，她是艾吕雅并不算长的人生里三个妻子中的第一个。

艾吕雅被认为是20世纪两次世界大战之间出现的最令人印象深刻、影响最大的诗人之一。"二战"期间他参加抵抗运动，加入了反法西斯的斗争。他的一首题为"自由"的诗精美绝伦，是法语诗歌的精品。在超现实主义诗人中，他最擅长表现处于潜意识状态下人们的丰富精神世界。他的诗明朗流丽，始终散发出生活的气息。他用词简练、语言朴素而富抒情意味，字里行间流露出诗人的真情实感，技法上讲究奇特的比喻和排比，在极力打破诗歌韵律的尝试中又独具匠心。他以生活为诗，以诗为生活，终生激情不减。艾吕雅在为爱情苦恼的年代，写下了《死于不死》："一个幽灵……／我那超出了世界上全部不幸的／爱情／犹如一只赤裸的野兽。"又如，他用拼贴技艺写成：

情　人

她正站在我的眼皮上
她的头发夹在我的头发中
她的颜色和我的眼睛一样

她的身躯是我的一只手
　　她完全被包围在我的阴影中
　　好像一块石头衬着蓝天

　　她永远也不肯闭上她的眼睛
　　她也不肯让我睡眠
　　她在大白天做的梦
　　使得许多阳光都化成了蒸气
　　我止不住哭笑之后又大笑
　　在我无话可说时不停地讲

　　在自然科学和文学领域，数学和诗歌无疑是人类最古老的发现。两千五百多年前，就有了泰勒斯定理和毕达哥拉斯定理，就有了荷马史诗《伊利亚特》《奥德赛》和中国的《诗经》。与此同时，它们又是最先进的，甚至是超越时代的。例如，伽罗瓦群的理论在建立一个多世纪以后才开始应用于量子力学；非欧几何学被用来描述引力场、复分析在电气动力学中的应用也有类似的情况；而圆锥曲线自被发明两千多年来，一直被认为是富于思辨的头脑中无利可图的娱乐，最终它却在近代天文学、仿射运动理论中发挥了作用。而从浪漫主义、象征主义到达达主义，历次文艺思潮的先驱主要都是诗人（这可能与诗歌的表达方式较为自由有关）。超现实主义运动也不例外，它的领袖人物无疑是诗人布勒东。

　　简而言之，数学与诗歌既古老又先进。另一方面我们又发现，数学与艺术的一对共同点是简洁与智慧。我们来看看三位最伟大的物理学家：伽利略的伟大在于他发现了自由落体定律（1590），牛顿的伟大在于他发现了万有引力定律（1687），而质能转换公式则是爱因斯坦的伟大发现（1905）。它们均以简练的数学公式呈现宇宙的奥妙，可谓人类智慧的顶点：

$$H = \frac{1}{2}gt^2$$

$$F = \frac{Gm_1m_2}{r^2}$$

$$E = mc^2$$

同样，李白的《静夜思》、柳宗元的《江雪》、王之涣的《登鹳雀楼》，均以简练的字句（20个字）、奇崛的想象、优美而朴素的画面传世。既然能流传千年，自然也是人类智慧的结晶。而曹雪芹的《红楼梦》虽说也是同样伟大的文学作品，但不能不花费较多的时间阅读，并且由于人物关系错综复杂，用典较多（如同苏轼的诗词），其无穷的奥秘不易在翻译之后被更广大的异国读者领会。

超现实主义绘画

几乎在超现实主义诞生之时，画家们便积极参与并投身其中。这一点源于法国的传统，诗人和画家总是在一起的，正如古代中国也有"诗画不分家"一说，苏轼评价王维"诗中有画，画中有诗"。布勒东在创办《文学》杂志之初，便邀请了一群艺术家参与，毕卡比亚做封面设计，曼·雷（Man Ray，

1890—1976）提供摄影作品，还有画家恩斯特（Max Ernst, 1891—1976）。他们定期在布勒东或艾吕雅家中聚会，或在咖啡馆讨论当代艺术的意义，诗歌和绘画中的奇异性、无理性以及偶然性。在这些聚会讨论中，逐渐形成了《超现实主义宣言》。而无论宣言还是定义，都没有对超现实主义有具体的划分或指令。因此，除了寻找与传统概念相背离的新主题、新方向以外，画家们在风格上彼此不同。这项运动的核心是个人主义和孤独，艺术家所追求的是个性（persona）。

1925年，第一次超现实主义画展在巴黎皮埃尔美术馆举行，阿普（Jean Hans Arp, 1887—1966）、恩斯特、基里科（Giorgio de Chirico, 1888—1978）、曼·雷、马松（Andre Mason, 1896—1987）、米罗（Joan Miro, 1893—1983）等画家参展，后来又有唐吉（Yves Tanguy, 1900—1955）、马格利特、达利（Salvador Dali, 1904—1989）和德尔沃加入，风格多变、老资格的克利和立体主义画家毕加索、毕卡比亚以及杜桑等也来凑热闹。除了后面几位，其他人的年龄与布勒东相比，上下不超过八九岁。下面我们逐一介绍，首先要提及的是美国摄影家曼·雷，他是多才多艺的艺术家，作品涵盖绘画、摄影、文学、电影、多媒体等领域，尤以摄影最引人瞩目，他利用中途曝光、实物投影法等暗房技巧，使得摄影成为一种艺术表现形式，广泛地影响了20世纪的摄影艺术。例如，他在一位女子裸露的背部画上两个音符，使人联想到提琴。除了技法别开生面，他在观念上也十分符合超现实主义艺术精神。

阿普出生在斯特拉斯堡，当时属德国，后来归法国，正如他的名字"让·汉斯"，让是法国的，汉斯是德国的，而他惯用的技巧就是拼贴。在职业方面，阿普也是如此，既钟情于造型艺术，又钟情于文学（他是诗人）；既钟情于绘画，又钟情于雕塑。按照恩斯特的说法，1914年的一天，阿普搭乘"一战"爆发前的最后一班火车来到巴黎。1916年，阿普倡导了"根据机遇规则安排的拼贴画"。他曾把一幅不满意的画撕碎，随手撒在地上，突然之间，他在下落的碎片排列上看到了问题的解决方法。阿普以雕塑成就最大，他选择"中性形式"和"脐"，后者象征自然成长和变异起伏的卵形，他喜欢把似真非真的事物并置在一起，例如《山、桌、锚和肚脐》。1930年，他退出超现实主义，成为"圆形和正方形"小组一员，致力于用搓捻过的和撕碎的纸作"画"。如同阿普自己所言，他的创作"像云、山、动物和人，一般无共性"。

基里科是在希腊出生长大的意大利人，当时身为工程师的父亲正在那里修铁路，后来他入雅典理工学院学习画画。父亲去世后不久，全家搬到慕尼黑，他入读美术学院，经历了"严重的忧郁症危机"，幸好在尼采和叔本华的著作中发现了诗意的忧郁和慰藉。1910年，基里科回到意大利，在佛罗伦萨开始画他著名的"形而上学城镇广场系列"：一尊裸女躯干石雕与一根香蕉在一个空旷的广场相遇，远处有一列火车头正在行驶（似在向他父亲致敬）；一个滚铁环的女孩经过一辆运货卡车，跑向一个看不见的人，他的影子在夕阳下从一幢楼房后面投射下来（一种奇怪的不祥预兆）。这类富有诗意的表现空间物体相互联系的无意识状态，深深地吸引了巴黎的超现实主义战友。尽管他漫长的后半生碌碌无为，他青春期那8年的形而上灵感足以让他在现代艺术史上留下不可磨灭的一页。

基里科的作品《红塔》(1913)，现藏于威尼斯古根海姆博物馆

恩斯特出生于德国科隆郊外，后入美国籍和法国籍。他的父亲是聋人学校的老师和业余画家。他18岁入读波恩大学，学习艺术史、心理学和精神病学，同时画画。3年后，在科隆的一次画展上他看到印象派和毕加索的作品，受到震动。1914年夏天恩斯特大学毕业，战争随之爆发，他上了前线。战后他结识并加入巴黎的超现实主义团体，曾与艾吕雅夫妇一起生活，三人结伴去过越南。回巴黎后，他首创了擦印画法，用薄纸描摹板材表面的凹槽，并尝试刮擦、拼贴、纸贴和移印画法。从1922年起，恩斯特的绘画受到基里科的深刻影响，他的作品成了连接达达主义和超现实主义的主要环节。"二战"期间他住在美国，画过《被一只飞起的非欧几何学苍蝇惊呆的年轻人》。恩斯特结过四次婚，婚姻从未间断，其中一次是与美国艺术赞

助人古根海姆小姐。他的作品所展现的丰富而漫无边际的想象力、对世界的荒诞之感，汲取自日耳曼人的浪漫和虚幻的诗情画意，令世人惊叹，他被誉为"超现实主义的达·芬奇"。

米罗出生在巴塞罗那郊外，父亲是金匠和珠宝商，母亲出身于木工家庭。他从小爱动手画画，性格内向，沉默寡言，14岁那年进美术学校，留给老师的印象是"罕见的愚莽"。他随后退学，做了商业职员。翌年患上重病，被送到海滨疗养，感受到大自然的魅力。康复后他进了另一所学校，接触到几位艺术家。1919年，他决心要当画家，于是前往巴黎。他来得正是时候，很快进了超现实主义圈子。他接受思想的冲击，仍保持独立的个性，每年夏天回到故乡。米罗先是以写实笔法把景物呈现在立体画布上，《自画像》被毕加索买走，《农庄》转到美国作家海明威手中。后来，画面出现了象征物，从复杂的《哈里昆的狂欢》，到单纯的《犬吠月》和《一个人投石打鸟》。米罗的生活很简单，只有一个太太和一个女儿，艺术却富有诗意的变化，包括雕刻、舞美、陶瓷、壁画，他是20世纪最有

米罗雕塑《女人和眼睛》(1982)。巴塞罗那

影响力的画家之一。

安德烈·马松出生在法国北部,在里尔短暂生活过,8岁时全家迁居布鲁塞尔。他曾入读美术学校,"一战"爆发后从军,为法国作战受了重伤,几乎丧命。虽然马松在医院里度过了漫长的时光,但出院后仍然精神亢奋,狂热地反对人和社会的病态,结果把自己弄进了精神病院。就本质而言,马松是个无政府主义者。他的画表现了他的情绪,包括虐待狂的各种形象和生活的残忍,甚至鱼和昆虫的大屠杀,代表作有《迷宫》《鱼之战》。马松与同胞哲学家巴塔耶(Georges Bataille, 1897—1981)均为另类的超现实主义分子,两人密切合作,与布勒东决裂后另立山头,追随者有诗人普雷维尔、古巴作家卡彭铁尔等。在《被阉割的雄狮》一文中,巴塔耶指出布勒东的超现实主义是一个新宗教,"他用一种完全诗学的、想象的世界逃避现实形式出现的唯心主义,拒绝面对现实那最肮脏的部分"。

伊夫·唐吉出生在巴黎,父亲是退休的海军舰长,在他8岁那年去世,随后母亲带他回到老家布列塔尼(法语拼法与人名布勒东同),在那里度过了少年时代。18岁继承父业,他也当了海军,4年后复员回巴黎,干过不同的活计。一次偶然的机会,他看到基里科的绘画,像恩斯特一样受到震动,突然发现了人生的使命。唐吉一下子进入了一个完全独立于真实世界的内部天地,自由自在地创造。他不会任何技法,孤独而自然地生活在自己的精神世界,并且成功地予以表现。画中有些含糊不清围拢在一起的小有机物,它们自由漂浮,无拘无束,从早期的《妈妈,爸爸受伤了》到后期的《弧线的增值》。很自然,他被吸收进入超现实主义并占有一席之地。在恩斯特之前,他与古根海姆小姐有过风流韵事，后来与第二任妻子定居美国。1955年唐吉死于中风，骨灰最终撒在他心爱的布列塔尼海滩上。

萨尔瓦多·达利在公众心目中，可能位居所有超现实主义艺术家之上，这不仅因为他的绘画，还有他的文章、口才、动作、胡须和宣传才华，这些都是不折不扣的超现实主义风格。达利出生在巴塞罗那东北邻近法国的菲格拉斯，与毕加索、米罗以及先前的建筑师安东尼·高迪一样，都是在加泰罗尼亚地区出生或长大的。达利肖像画中的关键部位大多出自童年情景，早年的风景也常出现在他的画作中。批评家认为，这预示着他的性情——入迷、幻想、恐怖和妄自尊大。他在马德里美术学院学习时，与诗人洛尔卡结为好友，也发现了基里

唐吉作品《妈妈,爸爸受伤了》(1927)
现藏于纽约现代艺术馆

留着华丽小胡子、抱着宠物巴布的达利
(1965)

科和弗洛伊德，后者对梦境和潜意识的描述，帮他解脱了自孩提时代所承受的痛苦和色情幻想——与他同名的哥哥在他出生前9个月死于肠胃炎。1928年他造访巴黎，与超现实主义同道相会。翌年他定居巴黎，并与艾吕雅前妻加拉结婚。这段相差10岁的姐弟恋出人意料地恩爱了近半个世纪，直到加拉去世。达利是个思想活跃、具有天才想象力的艺术家，他把梦境的主观世界转变成客观而令人激动的形象，为20世纪艺术做出了独特的贡献。

最后说说第二章提到过的勒内·马格利特，他出生于比利时西部小城莱西纳，父亲是裁缝。他童年时经常搬家，13岁那年，母亲自沉于故乡小河。马格利特看到她被人从水中捞出，因而他后来的画作中多次出现衣服蒙脸的情景。他曾入读布鲁塞尔皇家美术学院，毕业后在壁纸工厂做设计。1919年，他看到基里科作品的复印件，受到启发，开始了超现实主义创作。他首次个展失败后，曾与兄弟合开公司谋生。从1927年起，他旅居巴黎3年，加入超现实主义圈子，那是他创作的黄金时代，《错误的镜子》《这不是烟斗》等代表作均出于这一时期。马格利特奉行"世界就是对常识的挑战"，"渴求一种精确的奥秘"。与达利相反，他可以说是最不爱抛头露面的人，而两人的婚姻却惊人地相似——从一而终。美国波普艺术家尊称他为波普艺术之父，被他坚决拒绝。1955年，他创作了《欧几里得的漫步处》。大约30年前，我曾在《戴圆顶礼帽的大师》一文里写道："我们有充分的理由相信，马格利特在艺术史上的地位到现在仍然难以充分地估计。"

抽象的表现主义

表现主义（expressionism）作为一种艺术流派，其实比达达主义和超现实主义出现得都要早，大约在 1900 年至 1935 年在中欧风靡一时，特别是在德国东部，表现主义主宰了各种艺术。在第一次世界大战爆发以前，德国便已出现了两个艺术家团体：德累斯顿的桥社（1905）和慕尼黑的青骑士（1911）。随着 1933 年纳粹上台，表现主义艺术逐渐走向毁灭和死亡。可是，从 20 世纪 40 年代末开始，在大西洋彼岸的美国，又出现了抽象表现主义，随后成为西方绘画的一个主要潮流，其中最著名的代表人物有波洛克、德·库宁（Willem de Kooning，1904—1997）、克兰和罗斯科。

表现主义的特点是感情强烈，主观性浓郁，使所用的各种艺术手段达到表现的极致。与巴黎那些独领风骚的超现实主义者相比，表现主义者大多外表含蓄内敛。他们反对客观地表现自然和社会，而是主张表现主观现实或内在的现实。他们反对把军队、机关、学校、家

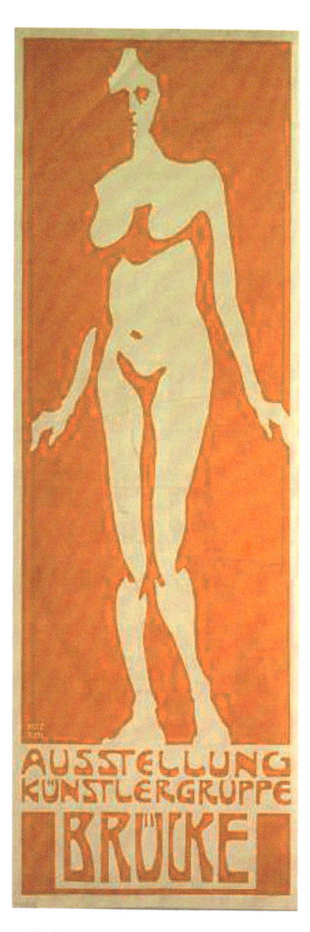

首次桥社作品展海报（1906）

1912年,德国发行的青骑士100周年纪念邮票,为马克作品　　青骑士《年鉴》封面(1912)

长和皇帝当作确认的权威,公开表示站在普通大众这一边,站在穷人、受压迫者、妓女、疯子和受苦受难的青年这一边。表现主义运动赋予艺术创作者崇高的地位,期望他们带头建立新秩序,尤其是培育一代新人。表现主义在绘画等视觉艺术领域最为盛行,艺术家们从原始、朴素的艺术和儿童艺术中汲取营养,色彩和线条的运用可以不受自然的束缚,自由发挥以表达个人情感和诉求。

德累斯顿是德国东部名城,也是一座艺术之都,那里的博物馆收藏着文艺复兴时期意大利巨匠拉斐尔的许多名画。1905年的一天,4位艺术家组成的桥社在那里成立,他们是德累斯顿理工学院建筑专业的学生基尔希纳(Ernst Kirchner, 1880—1938)、赫克尔、布莱尔和施密特-洛特鲁夫。其中基尔希纳是灵魂人物,他受到德国前辈画家丢勒和法国野兽派艺术的影响,早期的《持日本伞的姑娘》明显带有马蒂斯的痕迹。

基尔希纳相隔 6 年画过同题的《街道》，分别受到蒙克（Edvard Munch，1863 — 1944）和立体主义艺术家的影响，其中挪威画家蒙克堪称表现主义先驱人物。有意思的是，桥社后来吸收了一些年长的画家，如比基尔希纳大 13 岁的诺尔德（Emil Nolde，1867 — 1956），他的油画和版画常带有宗教色彩。

蒙克作品《呐喊》（1893）。现藏于挪威国家美术馆

"桥社"（Die Brücke）一词的含义是团结一切志同道合的艺术家，反对腐朽的学院派艺术，建立一种与传统有联系而又充满现代形式的新的美学，从而建造一座可通达的精神桥梁。虽说桥社的艺术家也到柏林甚或巴黎等地活动，但在德国以外的影响力却十分有限。而在南方巴伐利亚州的大都会慕尼黑，有一个稍晚成立而影响更为深远的艺术家团体，它是围绕着远道而来的俄国画家瓦西里·康定斯基开展起来的。这个团体的名字叫青骑士（Blaue Relter），原本是康定斯基的一幅画名，也是他与青骑士共同创立者弗兰兹·马克（Franz Marc，1880—1916）合编的期刊名，后者与另一位青骑士成员奥古斯特·麦克（August Macke，1887—1914）均不幸阵亡于"一战"炮火。

　　康定斯基出生在莫斯科一个知识分子家庭，他在乌克兰的黑海之滨敖德萨念完中学后进入莫斯科大学，1893年获法学博士学位并留校任教。学生时代，他曾到北部沃洛格达州参加民族史和民俗学调研，接触到民间绘画和装饰艺术。后来，康定斯基又参观了莫斯科的法国画展（莫奈的《干草堆》给他强烈的视觉冲击）并有机会造访巴黎，唤起了他画画的兴趣，遂于1896年决定放弃教授生涯，到慕尼黑美术学院读书，那年他已经30岁了。在慕尼黑这座如今以啤酒节和足球闻名的城市，他一下子就被弥漫在其中的新艺术运动气氛给吸引住了。

　　1900年，康定斯基从慕尼黑美术学院毕业，成为职业画家。3年以后，他开始了欧洲和北非之行，实地考察各国现代主义艺术运动的发展状况，历时4载，加深了对欧洲文化和艺术的全面了解。1908年，康定斯基回到慕尼黑，42岁的他正式开始了艺术家生涯。3年以后，青骑士正式成立，当年便举办了跨年的艺术展，接着又在第二年举办书画印刻艺术展。另一位表现主义艺术大师、瑞士人保罗·克利（Paul Klee，1879—1940）、奥地利作曲家勋伯格（Arnold Schoenberg，1874—1951）以及康定斯基的同胞画家马列维奇（Kazimir Malevich，1878—1936）、法国画家卢梭（Henri Rousseau，1844—1910）和阿普等也有作品参展。其中克利（父亲是德国人，母亲是瑞士和法国混血）虽说比康定斯基年轻13岁，却是他在慕尼黑美术学院的同学。克利写过诗和小说，《克利日记》是他审美思考的结晶。

1912年，康定斯基出版了他第一本重要的理论著作《论艺术的精神》。在这本书中，他把当年在莫斯科求学时盘旋在头脑里的一些想法条理化。一个严肃的艺术家，总要花费时间思考艺术与物质世界的关系。他在法国印象派画家马奈的作品中，第一次觉察到物体的非物质化问题。这个问题持续不断地吸引着他，通过慕尼黑的画展，通过连续的旅行，他体会并学到了更多现代画家革命性的新发现。与此同时，物理学领域的新进展，破坏了他对可感知的物质世界所维持的信念，也促使他认识到艺术家必须关心精神方面的问题而非物质方面的问题。1921年，康定斯基应邀到包豪斯学院任教。5年以后，他出版了《从点和线到面》（英译本，1947），书中他阐释了对绘画元素的认识，并对每一种元素都做了外在和内在的双重分析。

虽说康定斯基对科学和法律等理性的事物有着强烈的兴趣，同时他可能是画家中最具理论修养的，但有时他也会被某种玄妙的东西吸引。在康定斯基的思想王国里，总有那么一种神秘的内核，他把它归结为俄罗斯的什么东西。这种神秘主义是一种精神产品，而不是外部景象或手工产品。他写道："色彩和形式的和谐，从严格意义上讲必须以触及人类灵魂的原则为唯一基础。"大约在1910年，他画了一幅粗野、激荡、色彩和线条相互穿插的水彩。从此，所有描绘性和联想性的要素似乎都不见了。这可能是他第一幅抽象表现主义（abstract expressionism）的作品。之后，他力求只通过线条和色彩、空间和运动，来表达一种精神上的反应或决断。

1914年，随着"一战"爆发，青骑士团体解散，康定斯基也回到了莫斯科。此前一年，桥社作为团体已宣告解体，艺术家们各奔前程。不过，作为个体的艺术家仍继续创作，表现主义手法也渗透到诗歌、小说、戏剧、歌剧和电影等领域，包括

康定斯基作品《爱情的花园 II》(1912),现藏于纽约大都会艺术博物馆

奥地利作家卡夫卡的《变形记》《城堡》，以及瑞典剧作家斯特林堡、美国剧作家奥尼尔的戏剧，奥地利作曲家勋伯格、德国作曲家兴德米特的音乐，都是其中的佼佼者。可是，由于表现主义没有明确的宗旨和追求的目标，希特勒上台后，便在德国消失了。然而，"二战"结束不久，在新兴的美利坚大都会纽约，又聚集起一帮艺术家，举起抽象表现主义的旗帜，尽管早在 1919 年，就有人用它来描述康定斯基的绘画。

在纽约生活、创作或展出的艺术家中，有的移民自欧洲，也有的出自本土。早期的两位抽象表现主义画家是戈尔基（Arshile Gorky，1904 — 1948）和霍夫曼（Hans Hofmann，1880 — 1966），他们来自亚美尼亚和德国。1920 年，16 岁的戈尔基便被人带到美国，他的作品里有着暗示性的动物生态形象，如《肝就是公鸡的冠子》，他中年时因患结肠癌和婚姻破裂等原因悬梁自尽。霍夫曼出生于巴伐利亚，曾在巴黎求学，受到超现实主义影响，1932 年移民美国，开设绘画班，甚至拥有以自己名字命名的美术学院。他的作品色彩鲜明、富有质感。等到战争爆发，大批欧洲的艺术家逃难来到纽约，给美国的艺术增添了活力，带来了新的观念。不过，抽象表现主义的两位主角却是 1926 年就从荷兰偷渡来的德·库宁和从美国西部来的波洛克（Jackson Pollock，1912 — 1956）。

波洛克出生于怀俄明北部小镇科迪，双亲来自艾奥瓦州，他们是爱尔兰人和苏格兰人后裔。他不满 1 岁时全家搬到南加州，后来他进了洛杉矶手工艺术高中，曾两度被除名。父亲带他了解了印第安人的原始艺术，18 岁时他跟随一个哥哥去了纽约，进了艺术生联盟（霍夫曼曾在那儿授课）。1947 年，波洛克开始将画布平铺在地上,在四周走来走去,把颜料滴溅在上面,整个过程身体都在运动,像祭祀的舞蹈。这一幕震惊了世界,评论家罗森博格称其为行动绘画(acting painting)。1953年创作的《蓝柱》是一幅杰作,表面上很随意,实际上还是有秩序的。这种画风和手法,有别于文艺复兴和他之前的现代绘画。1956年,波洛克酒后驾驶一辆敞篷车撞车身亡,与戈尔基一样享年44岁,而死亡方式则与纽约派诗人、曾任纽约现代艺术馆馆长的奥哈拉一样,且地点也是长岛。

　　写到这里,我想起了中国艺术家蔡国强(1957—)。他出生于福建泉州,1981年考入上海戏剧学院舞美系,毕业后留学日本筑波大学,1995年移居纽约。旅日期间,他积极

蔡国强作品《三角形》。2011,多哈

探索从故乡开始的以火药创作绘画的艺术手法，把波洛克发明的行动绘画提升到三维空间。在我看来，蔡的画风颇似北京出生、中国美术学院（杭州艺专）毕业后客居巴黎的画家赵无极（1921—2013）。后来，蔡又逐渐拓广作品的爆破规模和艺术形式，并在世界各地相继呈现，以艺术的力量和强悍的视觉形象漫步全球。蔡以东方哲学和社会现实问题为作品的观念基础，阐释和回应当地文化历史，体现了自由往来的游牧精神，在"9·11"之后为西方主流社会所接纳。他的作品空间广阔，从北京奥运会开幕式焰火到让纽约自由女神像消失。2015年，历经21年在英国巴斯、上海和洛杉矶的失败后，他终于在泉州惠屿岛完成了作品《天梯》。通过一只热气球，让焰火顺着"天梯"上升到海拔500米的高空，再次震惊了世界。无疑，蔡国强是21世纪最具创新性的艺术家之一。

德·库宁出生在荷兰港市鹿特丹，曾在故乡和比利时学习画画，22岁时偷偷爬上一艘集装箱轮船来到纽约。起初他在新泽西做油漆工，后来在纽约与同龄人戈尔基结为挚友，两人共用一个画室，并受到比他年轻8岁的波洛克影响。德·库宁是一个大器晚成的艺术家，1950年才举办第一个个展。他的作品时而温柔、色彩强烈性感，时而形象模糊、有着暗喻性的变态，甚或大肆喧闹、歇斯底里。然而，一种前所未有的美国气度，让人过目难忘，也容易让人想起后来的纽约派诗人领袖阿什伯利（John Ashbery，1927—2017）。也因为长寿，德·库宁成为20世纪美国艺术的代言人。德·库宁的妇女系列以及纯粹抽象的作品，都带有或野性或抒情的表现主义风范，其中一幅《谁的名字写在水上》（1975），标题借用了19世纪英国诗人济慈的名句。

荷兰是个盛产画家的国度，德·库宁的荷兰老乡里有一位叫蒙德里安（Piet Mondrian，1872—1944），他是几何抽象的先驱，堪称最有影响力的抽象派画家。蒙德里安出生在水乡小镇阿默斯福特，那是法国人笛卡尔的伤心地，笛卡尔唯一的女儿在那里夭折。早年蒙德里安在阿姆斯特丹美术学院学习传统绘画，后加入半宗教性质的通神学会。1911年，他到达巴黎后受到立体派艺术的影响，力图使画面简洁，代表作有《红树》。3年后，他回国并与乌特勒支出生的同胞画家杜斯堡（Theo van Doesburg，1883—1931）组成风格派，认为艺术应脱离自然的外在形式，并受到古希腊后期新柏拉图主义关于数字比例与美的关系的思想影响。最终，蒙德里安选择横线与竖线的基本对立，在矩形方格上分别涂上纯粹的红、黄、蓝三色（最初还有灰色），分隔线则一律用较粗的黑线，这成为蒙德里安的标志性风格。晚年蒙德里安定居纽约，他的艺术对后世建筑和设计艺术也有着很大的影响。

限于篇幅，本章没有讨论绘画以外的其他艺术形式（只举了雕塑和装置艺术的例子），它们同样经历了抽象化的过程。比如建筑，从内容、形式到装饰都发生了重大变化。古罗马建筑师维特鲁威在《建筑学》里提出"适用、坚固、美观"三个词，成为判断建筑物或建筑方案优劣的准则。即使文艺复兴时期的阿尔贝蒂，也只是把"美观"分为"美"和"装饰"，他认为美在于和谐的比例，而装饰只是"辅助的华彩"。20世纪以来，建筑师们终于意识到了，装饰不再是无足轻重的华彩，而是（像绘画中的拼贴那样）不可或缺的无处不在的艺术组成部分。几何图形（无论古典的还是现代的）在其中扮演了重要的角色，下面我们来谈谈数学在建筑中的若干应用。

1994年建成的上海东方明珠电视塔高468米，上部球体到地面距离289.2米，二者之比接近黄金比0.618，显得美观、挺拔。为何是球体？因为球形的任何一个地方受力，均可向四周均匀分散。球形或椭球形结构的特点是坚固，生鸡蛋很难用手握碎；电灯泡为了透光，玻璃壳通常很薄，做成球形相对坚固。出于同样的原因，安全帽、贮油罐做成球形。拱形是圆柱的一部分，因而也比较坚固。古代大多数桥梁设计成拱形，比如建于隋代（581—618）的河北赵州桥，由匠师李春设计。此桥至今仍完好无损，李春堪称世界上最早的桥梁设计师。悉尼歌剧院（1973）的形状实际上是同一个球体被拨开的扇形部分，它解决了开展大规模制造、加工零件的精度以及简单装配问题。

对称是建筑的一大特征，我国从古代宫殿到近现代的一般住房绝大多数是对称的。北京故宫于1406年至1420年间以南京故宫为蓝本营建，是明清两朝24位皇帝的皇宫。故宫又称紫禁城，采取严格的中轴对称的布局方式：中轴线上的建筑高大华丽，两侧的建筑相对低小简单，给人以庄严肃穆的感觉。在世界范围内，最对称的建筑可能要数印度阿格拉的泰姬陵，它是一座用白色大理石建成的巨大陵墓清真寺，是莫卧儿皇帝沙·贾汗为纪念其妃子于1631年至1653年间建成的。从主体建筑到水池边的瓷砖花纹、树木都对称，不仅左右对称，在水的倒映下还上下对称，给人以秩序、美感以及安静与稳定、庄重与威严等心理感觉。

当然，随着时代的进步和科技的发展。更多数学内容赋予建筑以新的美感。旧金山的金门大桥是世界著名的桥梁之一，被国际桥梁工程界广泛认为是美的典范。金门大桥是悬索桥，建成于 1937 年，利用了悬链线原理。所谓悬链线，是指两端固定、自然下垂、柔软但不能延长的绳子的曲线方程，由瑞士数学家雅各布·贝努利提出，他的弟弟约翰·贝努利给出答案是双曲余弦，由德国数学家莱布尼茨命名。密西西比河畔的圣路易弧形拱门既是城市地标，也是美国西部开发的象征。这座雄伟壮观的不锈钢建筑高 192 米，于 1965 年建成，是一条倒置的悬链线。拱门底部有电梯可直达顶层，比意大利比萨斜塔、华盛顿纪念碑和纽约自由女神像都高。可是，即便遇到时速 80 公里的大风，其摆动幅度也仅 5 厘米。

俗称"小蛮腰"的广州塔建成于 2010 年，是为广州亚运会建设的，采取的是单叶双曲面的结构。塔身主体高 454 米，天线桅杆高 146 米，总高度 600 米，是中国第一高塔。单叶双曲面又称旋转双曲面或圆形双曲面，它的方程式如下：

$$\frac{x^2}{a^2}+\frac{y^2}{b^2}-\frac{z^2}{c^2}=1$$

如果等式右边的 1 是 –1，则其图像为双叶双曲面。单叶双曲面是一种双重直纹曲面，可用直的钢梁建造。这样既能减少风的阻力，又可用最少的材料来维持结构的完整。随着 a 和 b 与 c 的比例的改变，"腰"可以变细变粗。而当取 $a=b$ 时，会呈现旋转形的单叶双曲面，我们常见的许多发电厂的冷却塔便采用这种结构，其优点是对流快、散热效果好。

广州"小蛮腰"(2010)

"水立方"是 2008 年北京奥运会国家游泳中心,长宽均为 177 米,高 30 米,它的膜结构堪称世界之最。它是根据细胞排列形式和肥皂泡天然结构设计而成的,这种形态在建筑结构中首次出现,创意十分奇特。2010 年,国家游泳中心获国际桥梁及结构工程协会杰出结构大奖。而肥皂泡中蕴含了丰富的数学问题,比如什么样的泡沫结构效率最高?这个问题叫作开尔文问题,至今仍是未解之谜。位于 2010 年上海世博园的阳光谷是中国第一的索膜结构建筑,其特殊之处在于柔性,白色膜布的最大风摆幅可以达到上下三米,大风吹来,膜布能随风起舞。而这种膜结构和微分几何中的极小曲面关系密切。

莫比乌斯(1790—1868)是德国数学家、"数学王子"高斯的学生,他与同胞李斯丁在 1858 年独立发现了莫比乌斯带。如同本章第一节所描述的,与普通纸带具有两个面(双侧曲面)不同,莫比乌斯带只有一个面(单侧曲面),这是一种不可定向的曲面,一只小虫可以爬遍整个曲面而不必跨过它的边缘。两个具有肾形平面图的球形塔被包裹在格子里的玻璃和钢皮围拢,创建了建筑物的环形形状,给它带来神秘的光环。如下页图所示,北京大兴国际机场(2019)的棚顶外观酷似六芒星的结构,内部的钢架却呈现叶状结构,它由两簇彼此垂直的曲线组成,曲线中间甚至存在一个稳定的奇异点。

最后,我们谈谈德国艺术界的传奇人物博伊斯(Joseph Beuys,1921—1986),他被认为是后现代主义艺术的鼻祖,与美国波普艺术家沃霍尔(Andy Warhol,1928—1987)齐名,两人曾在意大利相聚。博伊斯出生在莱茵河畔小镇,19 岁参加纳粹军队,两年后他驾机轰炸克里米亚防空基地时被苏军击

北京大兴机场（2019），外观呈六芒星

北京大兴机场（2019），内部呈叶形结构

落，舱内战友当场丧命，他则幸运地被人救回。据说博伊斯是被牧羊人用油脂和毛毡救活的，后来他被巡逻队找到并强行归队。之后他又4次受伤，被切除了脾脏。1945年，他带着一枚金质奖章被英军俘虏。两年后，博伊斯进入杜塞尔多夫美术学院，逐渐成长为一名艺术家。博伊斯以雕塑、装置、表演和行为艺术见长，引导

1980年，沃霍尔和博伊斯在那不勒斯

了概念艺术和社会雕塑。他的艺术与生活密不可分，代表作有《如何向死兔子讲解绘画》（1965）、《直接民主公投办公室》（1972）、《七千棵橡树》（1982）等。

以上我们阐述了20世纪以来数学和艺术的几个重要分支和流派，它们各自包含了个性和共性。比较而言，拓扑学和超现实主义的个性更为鲜明，而抽象代数和表现主义更多地体现出某种共性，尤其是抽象化。这既是数学走向统一的必要手段，也是艺术发展的必然趋势。原本，个性和共性是一切事物所固有的，是事物存在的前提。共性决定着事物的基本特性，个性揭示了事物的差异性。共性只能在个性中存在，个性体现并丰富了共性。这样的相互关系必将继续存在，伴随着数学与艺术的发展。有趣的是，超现实主义画家马松后来娶了同胞精神分析学家雅克·拉康（Jacques Lacan，1901—1981）的妹妹，他

们的三个孩子都很有成就,两个儿子分别是音乐家和演员,女儿是画家。说到拉康,他被誉为"法兰西的弗洛伊德""笛卡尔以来最重要的法国哲学家"。拉康用语言学重新阐释了弗洛伊德的学说,同时把拓扑学和集合论作为精神分析学中优先研究的外部对象。

参考文献

亚里士多德,诗学,罗念生译,人民文学出版社,1988。

欧几里得,几何原本,张卜天译,江西人民出版社,2019。

帕斯卡尔,思想录,何兆武译,商务印书馆,1985。

A. N. 怀特海,科学与近代世界,何钦译,商务印书馆,1989。

伯特兰·罗素,西方哲学史(2卷),何兆武、李约瑟、马元德译,商务印书馆,1980。

伯特兰·罗素,西方的智慧,马家驹、贺霖译,世界知识出版社,1992。

W.C.丹皮尔,科学史,及其与哲学和宗教的关系(2卷),李珩译,商务印书馆,1989。

E.T.贝尔,数学大师:从芝诺到庞加莱,徐源译,上海科技教育出版社,2004。

莫里斯·克莱因,古今数学思想(4卷),张理京等译,上海科学技术出版社,1988。

莫里斯·克莱因,西方文化中的数学,张祖贵译,复旦大学出版社,2004。

恩斯特·贡布里希,艺术发展史,范景中译,天津人民美术出版社,1986。

H.H.阿纳森,现代西方艺术史,邹德侬等译,天津人民美术出版社,1986。

瓦西里·康定斯基,论艺术的精神,查立译,中国社会科学出版社,1987。

瓦西里·康定斯基,康定斯基回忆录,杨振宇译,浙江文艺出版社,2005。

保罗·克利, 艺术·自然·自我——克利日记选, 雨云译, 江苏美术出版社, 1987。

克莱夫·贝尔, 艺术, 周金环、马钟元译, 中国文联出版公司, 1984。

罗杰·弗莱, 弗莱艺术批评文选, 沈语冰译, 江苏美术出版社, 2010。

加斯东·巴什拉, 梦想的诗学, 刘自强译, 生活·读书·新知三联书店, 1996。

乔纳森·卡勒, 结构主义诗学, 盛宁译, 中国社会科学出版社, 1991。

爱德华·汉斯立克, 论音乐的美, 杨业治译, 人民音乐出版社, 1980。

彼得·斯·汉森, 二十世纪音乐概论(上、下册), 孟宪福译, 人民音乐出版社, 1986。

大不列颠百科全书(20卷), 中国大百科全书出版社, 1999。

World Atlas, DK publishing, Inc, 2003.

吴文俊(主编), 世界著名数学家传记(2集), 科学出版社, 1995。

柳鸣九(主编), 未来主义 超现实主义 魔幻现实主义, 中国社会科学出版社, 1987。

蔡天新, 数学传奇(上、下册), 商务印书馆, 2022。

蔡天新, 数学简史, 中信出版社, 2017。

蔡天新, 数学的故事, 中信出版社, 2018。

蔡天新, 欧洲人文地图, 商务印书馆, 2021。

欧玛尔·海亚姆, 鲁拜集, 蔡天新译, 浙江大学出版社, 2023。